O Projeto de Pesquisa em História

**Dados Internacionais de Catalogação na Publicação (CIP)**
**(Câmara Brasileira do Livro, SP, Brasil)**

Barros, José D'Assunção
  O Projeto de Pesquisa em História : da escolha do tema ao quadro teórico / José D'Assunção Barros. 10. ed. – Petrópolis, RJ : Vozes, 2015.

10ª reimpressão, 2025.

ISBN 978-85-326-3182-4

Bibliografia.
  1. Pesquisa histórica  2. Pesquisa – Metodologia  3. Pesquisa – Projeto  I. Título.

05-4191

CDD-001-4

Índices para catálogo sistemático:
1. Pesquisa : Projeto       001-4

José D'Assunção Barros

# O Projeto de Pesquisa em História

## Da escolha do tema ao quadro teórico

EDITORA VOZES

Petrópolis

© 2005, Editora Vozes Ltda.
Rua Frei Luís, 100
25689-900 Petrópolis, RJ
www.vozes.com.br
Brasil

Todos os direitos reservados. Nenhuma parte desta obra poderá ser reproduzida ou transmitida por qualquer forma e/ou quaisquer meios (eletrônico ou mecânico, incluindo fotocópia e gravação) ou arquivada em qualquer sistema ou banco de dados sem permissão escrita da editora.

CONSELHO EDITORIAL

**Diretor**
Volney J. Berkenbrock

**Editores**
Aline dos Santos Carneiro
Edrian Josué Pasini
Marilac Loraine Oleniki
Welder Lancieri Marchini

**Conselheiros**
Elói Dionísio Piva
Francisco Morás
Teobaldo Heidemann
Thiago Alexandre Hayakawa

**Secretário executivo**
Leonardo A.R.T. dos Santos

PRODUÇÃO EDITORIAL

Anna Catharina Miranda
Eric Parrot
Jailson Scota
Marcelo Telles
Mirela de Oliveira
Natália França
Priscilla A.F. Alves
Rafael de Oliveira
Samuel Rezende
Verônica M. Guedes

*Editoração*: Fernando Sergio Olivetti da Rocha
*Diagramação*: AG.SR Desenv. Gráfico
*Capa*: Marta Braiman

ISBN 978-85-326-3182-4

Este livro foi composto e impresso pela Editora Vozes Ltda.

# Apresentação

O livro *O Projeto de Pesquisa em História* não pretende desempenhar o papel de um mero manual, simplificado e esquemático. Dá-se uma importância muito grande à discussão de questões significativas para o conhecimento científico e para o conhecimento histórico de uma maneira particular. Em alguns casos, a explanação acerca da feitura de capítulos específicos de um Projeto de Pesquisa abre-se como pretexto para uma discussão mais ampla sobre a própria natureza do conhecimento, suas práticas e discursos.

Por outro lado, espera-se que – com a sua leitura e acompanhamento – o pesquisador encontre nesta obra uma forma interessante de se aperfeiçoar na elaboração de projetos de pesquisa, projetos de tese e outros tipos de projeto. Em todo o caso, evita-se radicalmente a ideia de fornecer uma "receita de bolo" que possa ser seguida mecanicamente e sem uma ação reflexiva e recriadora. O princípio que norteia este livro é o de discutir alternativas e modelos diversificados que poderão ser operacionalizados pelo pesquisador, pelos professores e estudantes de pós-graduação – que em última instância são os beneficiários previstos para este trabalho. Busca-se, além disto, preencher um conteúdo básico para as disciplinas relacionadas ao campo da *Metodologia Científica*, e muitos dos textos aqui apresentados foram escritos pensando-se na possibilidade de favorecer as discussões em sala de aula.

Um dos objetivos deste livro é desenvolver uma reflexão acerca das funções e da estrutura fundamental de um Projeto, ao mesmo tempo em que são discutidos também os diversos capítulos de um Projeto de Pesquisa até o "Quadro Teórico". A "Metodologia", capítulo de um Projeto que envolve uma série de novos aspectos a serem discutidos, será objeto de uma outra obra no futuro.

Ao final do texto deste livro, o leitor encontrará um *Glossário* que em alguns casos tem a função de esclarecer termos ou expressões que aparecem no decorrer do texto, e que, em outros casos, tem a função de apresentar intertextos voltados para a discussão mais aprofundada de aspectos apenas mencionados no texto. Qualquer palavra seguida de um asterisco (*) remete a um verbete correspondente neste Glossário.

Espera-se que o trabalho aqui desenvolvido possa contribuir tanto para um autoesclarecimento do estudante e pesquisador, bem como para a constituição de materiais a serem utilizados em disciplinas de Graduação e Pós-Graduação relacionadas à "Metodologia Científica". Embora o enfoque principal esteja vinculado às áreas de História e de Ciências Humanas, o leitor irá verificar que são fornecidos exemplos referentes a diversificados campos de estudo, incluindo as ciências da natureza e as ciências exatas, e por isto espera-se que este trabalho também encontre a sua utilidade em disciplinas metodológicas associadas a estes outros campos do conhecimento humano.

# Sumário

1. O Projeto de Pesquisa: funções e estrutura fundamental . . . . . . . . . 9
   1.1. Por que escrever um Projeto de Pesquisa? . . . . . . . . . . . . . . 9
   1.2. As partes de um Projeto de Pesquisa . . . . . . . . . . . . . . . . . 14
2. Introdução e Delimitação do Tema . . . . . . . . . . . . . . . . . . . . . . 23
   2.1. Dois tipos de Introdução . . . . . . . . . . . . . . . . . . . . . . . . . . . .23
   2.2. O "recorte temático" diante de suas motivações sociais e intradisciplinares . . . . . . . . . . . . . . . . . . . . . . . . . . . . . . . . . 25
   2.3. As escolhas que dependem mais diretamente do pesquisador . . . . . . . . . . . . . . . . . . . . . . . . . . . . . . . . . . . . . 34
   2.4. Recortando o Tema . . . . . . . . . . . . . . . . . . . . . . . . . . . . . . .37
   2.5. Recorte espácio-temporal . . . . . . . . . . . . . . . . . . . . . . . . . . 41
   2.6. Recorte serial e "recorte na fonte" . . . . . . . . . . . . . . . . . . . .47
   2.7. Articulando recortes . . . . . . . . . . . . . . . . . . . . . . . . . . . . . .51
3. Revisão Bibliográfica . . . . . . . . . . . . . . . . . . . . . . . . . . . . . . . . 54
   3.1. Por que elaborar uma Revisão Bibliográfica? . . . . . . . . . . 54
   3.2. Que livros incluir na Revisão Bibliográfica? . . . . . . . . . . . 55
   3.3. Como organizar a Revisão Bibliográfica . . . . . . . . . . . . . . 61
   3.4. Distinção entre Bibliografia e Fontes . . . . . . . . . . . . . . . . . 63
4. Justificativa e Objetivos . . . . . . . . . . . . . . . . . . . . . . . . . . . . . . 67
   4.1. Justificativa . . . . . . . . . . . . . . . . . . . . . . . . . . . . . . . . . . . . . 67
   4.2. Objetivos . . . . . . . . . . . . . . . . . . . . . . . . . . . . . . . . . . . . . . . 75

5. Quadro Teórico ................................... 79
    5.1. Interações e diferenças entre Quadro Teórico
    e Metodologia .................................. 79
    5.2. Elementos para o Quadro Teórico .................. 85
    5.3. O Campo Histórico ............................. 94
    5.4. Conceitos pertinentes ao campo de estudos ou à
    linha de Pesquisa ................................ 101
    5.5. Conceitos pertinentes ao recorte temático ............ 103
    5.6. Normas para a elaboração de definições conceituais ..... 108

6. Hipóteses ....................................... 128
    6.1. Hipóteses: sua natureza e importância ................128
    6.2. As funções da Hipótese na Pesquisa ................. 137
    6.3. A elaboração da Hipótese ........................ 156
    6.4. A Hipótese em seu momento criador .................180
    6.5. Considerações finais: Hipótese Central, Hipóteses
    Secundárias e Comentários .........................185

Conclusão ........................................ 189

Glossário ........................................ 191

Referências bibliográficas ............................. 227

# 1
# O Projeto de Pesquisa: funções e estrutura fundamental

## 1.1. Por que escrever um Projeto de Pesquisa?

Iniciar uma Pesquisa, em qualquer campo do conhecimento humano, é partir para uma viagem instigante e desafiadora. Mas trata-se decerto de uma viagem diferente, onde já não se pode contar com um caminho preexistente que bastará ser percorrido após a decisão de partir.

Se qualquer viagem traz consigo uma sensação de novidade e de confronto com o desconhecido, a viagem do conhecimento depara-se adicionalmente com a inédita realidade de que o caminho da Pesquisa deve ser construído a cada momento pelo próprio pesquisador. Até mesmo a escolha do lugar a ser alcançado ou visitado não é mera questão de apontar o dedo para um ponto do mapa, pois este lugar deve ser também ele construído a partir da imaginação e da criatividade do investigador.

Delimitado o tema, o problema a ser investigado, ou os objetivos a serem atingidos, o pesquisador deverá em seguida produzir ou constituir os seus próprios materiais – pois não os encontrará prontos em uma agência de viagens ou em uma loja de artigos apropriados para a ocasião – e isto inclui desde os instrumentos necessários à empreitada até os modos de utilizá-los.

É assim que, se qualquer viagem necessita de um cuidadoso planejamento – de um roteiro que estabeleça as etapas a serem cumpridas e que administre os recursos e o tempo disponível –, mais ainda a viagem da Pesquisa Científica necessitará deste instrumento de planejamento, que neste caso também será um instrumento de elaboração dos próprios materiais de que se servirá o viajante na sua aventura em busca da construção do conhecimento. Este é o papel do Projeto na Pesquisa Científica.

O Projeto de Pesquisa deve ser, naturalmente, um instrumento flexível, pronto a ser ele mesmo reconstruído ao longo do próprio caminho empreendido pelo pesquisador. Se o conhecimento é produto da permanente interação entre o pesquisador e o seu objeto de estudo, como tende a ser considerado nos dias de hoje, as mudanças de direção podem ocorrer com alguma frequência, na medida em que esta interação se processa e modifica não apenas o objeto de estudo, mas o próprio estudioso.

Ao se deparar com novas fontes, ao reformular hipóteses, ao se confrontar com as inevitáveis dificuldades, ao produzir novos vislumbres de caminhos possíveis, ou ao amadurecer no decorrer do próprio processo de pesquisa, o investigador deverá estar preparado para lidar com mudanças, para abandonar roteiros, para antecipar ou retardar etapas, para se desfazer de um instrumento de pesquisa em favor do outro, para repensar as esquematizações teóricas que até ali haviam orientado seu pensamento. Neste sentido, todo Projeto é provisório, sujeito a mutações, inacabado.

Diante deste caráter provisório e inacabado do Projeto, o pesquisador iniciante frequentemente se vê tentado a supor que elaborar um Projeto é mera perda tempo, e que melhor seria iniciar logo a pesquisa. Da mesma forma, o estudioso que acaba de ingressar em um Programa de Mestrado não raro se põe a perguntar se não seria mais adequado começar já a escrever os capítulos de sua dissertação, na medida em que vai levantando e analisando os seus materiais (como na História ou na Sociologia), ou à medida que vai realizando os seus experimentos (neste último caso, considerando ciências como a Física ou a Química). Se ele passa a elaborar o seu Projeto, a contragosto, é porque se acha obrigado a isto *institucionalmente*, uma vez que deverá defendê-lo a certa altura do seu curso em um evento que nas universidades brasileiras chama-se "exame de qualificação".

Já com relação ao pesquisador que participa de um Programa de Pós-Graduação em nível de Doutorado, este, na maior parte dos casos, já deve ter elaborado o seu Projeto antes de ter ingressado no Programa – e neste caso o Projeto terá assumido para ele, para além do papel de uma exigência institucional, a função de uma "carta de intenções" a partir da qual ele procurou convencer a banca examinadora de que era um candidato interessante para o Programa.

## 1. O Projeto de Pesquisa: funções e estrutura fundamental

Por outro lado, para além dos ambientes acadêmicos e universitários, com frequência uma pesquisa é proposta pelo seu executante para ser financiada por organizações nacionais e internacionais, por institutos e órgãos de fomento à pesquisa, e também por empresas de caráter privado ou estatal. Os professores que atuam nos meios universitários também devem, na maior parte das vezes, registrar as pesquisas que estão realizando como parte de suas atividades docentes. Em todos estes casos, a elaboração do Projeto de Pesquisa se apresenta novamente como uma exigência necessária, e a incapacidade de atender esta exigência de maneira minimamente satisfatória pode implicar na perda de oportunidades profissionais importantes.

Em que pesem estes aspectos institucionais de que se pode ver revestido, um Projeto de Pesquisa é na verdade muito mais do que isto. Assim, contrariamente à falsa ideia de que o Projeto é meramente uma exigência formal e burocrática, ou de que se constitui apenas naquele recurso necessário para a Instituição selecionar candidatos a pesquisadores ou avaliar seu desempenho, o estudioso mais amadurecido sabe que o Projeto é efetivamente uma necessidade da própria pesquisa. Sem o Projeto, ele sabe que sua viagem se transformará em caminhada a ermo, que os recursos em pouco tempo estarão esgotados por falta de planejamento, e que os próprios instrumentos necessários para iniciar a caminhada, para dar um passo depois do outro, sequer chegarão a ser elaborados.

Sem o Projeto, o pesquisador mais experiente sabe que não existe sequer um caminho, uma vez que este caminho deve ser construído gradualmente a partir de materiais elaborados pelo próprio pesquisador – sendo a elaboração do Projeto simultaneamente o primeiro passo da caminhada e o primeiro instrumento necessário para se pôr a caminho. O Projeto de Pesquisa, desta maneira, mostra-se a este pesquisador precisamente um ganho de tempo, um agilizador da pesquisa, um eficaz roteiro direcionador, um esquema prévio para a construção dos materiais e técnicas que serão necessários para alcançar os objetivos pretendidos.

O Quadro 1 procura resumir algumas das principais funções de um Projeto de Pesquisa. Ali encontraremos as já mencionadas funções formais ou burocráticas que os pesquisadores iniciantes confundem com a única razão de ser do Projeto, mas também as funções operacionais, que são inerentes à própria realização de uma Pesquisa em si mesma. Assim, se o Projeto é uma "carta de intenções" (1) onde o pesquisador exibe a sua proposta investigativa para uma instituição acadêmica ou científica, e se ele é um "item curricular" nas instituições de Pós-Graduação (2), o Projeto é também um poderoso instrumento que cumpre as funções de "direcionador da pesquisa" (3).

Neste último particular, o pesquisador que pretenda iniciar sem um Projeto a sua viagem de construção do conhecimento cedo perceberá que o próprio tema lhe parece fugir constantemente. Facilmente o pesquisador pode se pôr a perder em uma floresta temática, que lhe oferece mil direções e possibilidades, até que perceba que, dentro de um tema mais amplo, é preciso recortar, criar um problema, estabelecer uma direção, e que o Projeto vai lhe permitir precisamente a efetivação destes múltiplos recortes que tornarão a sua pesquisa possível, viável e relevante.

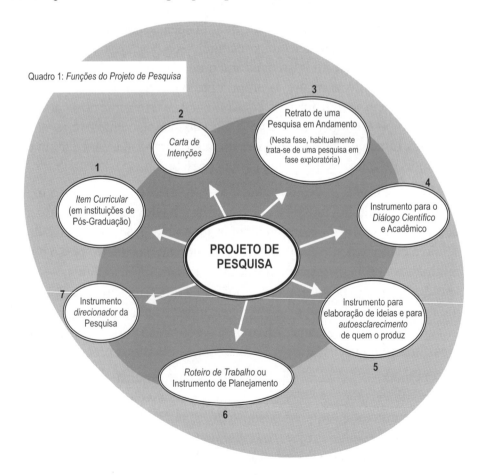

Quadro 1: *Funções do Projeto de Pesquisa*

## 1. O Projeto de Pesquisa: funções e estrutura fundamental

Esta constituição gradual e sistemática de um objeto de pesquisa não necessita apenas de uma direção e de um recorte delimitador, mas também de um planejamento. Aqui o Projeto vem trazer outra contribuição, uma vez que em uma de suas instâncias ele se constitui em um "roteiro de trabalho" ou em um instrumento de planejamento (4) sem o qual o pesquisador desperdiçaria os seus recursos, perdendo-se em uma investigação não sistematizada para ficar a meio caminho dos objetivos que sequer chegou a explicitar de maneira mais clara para si mesmo.

Sobretudo, o Projeto é um eficaz "instrumento para elaboração de ideias" e para autoesclarecimento de quem o produz (5). Ao elaborar um quadro teórico ou pensar metodologias, ao construir hipóteses e fixar objetivos, ao empreender uma revisão bibliográfica que colocará o pesquisador diante da literatura já existente sobre o assunto, o Projeto vai gradualmente esclarecendo aquele que o produz, dando-lhe elementos para articular melhor suas ideias e confrontá-las com o que já foi feito naquele campo de conhecimento.

Mais ainda, o Projeto permite que a pesquisa em andamento seja exposta aos olhares de outros pesquisadores, sejam professores e profissionais mais experientes que incluem o orientador da dissertação ou da tese, sejam os colegas de mesmo nível, também capazes de contribuir significativamente para uma pesquisa que, sabe-se muito bem, nunca é um trabalho exclusivamente individual. O Projeto torna-se desta maneira um instrumento para o "diálogo científico e acadêmico" (6).

Alguns destes diálogos, em se tratando das pesquisas de Pós-Graduação, encontram precisamente o seu lugar nos momentos em que o pesquisador expõe o seu Projeto a professores e colegas nos vários seminários que habitualmente constituem parte dos itens curriculares de um curso de Mestrado ou de Doutorado. O próprio "Exame de Qualificação" é precisamente um momento maior nesta rede permanente de diálogos – um momento algo ritualizado em que o pesquisador apresenta o seu trabalho a alguns professores para receber críticas e sugestões que o ajudarão a aperfeiçoar o seu trabalho e a encontrar novos caminhos.

O Projeto cumpre, desta forma, oferecer o "retrato de uma pesquisa em andamento" (7). Neste momento, em se tratando de uma pesquisa que visa a elaboração de uma Dissertação de Mestrado, é lícito chamá-lo de

"Projeto de Dissertação" (ao invés de "Projeto de Pesquisa", expressão que implicaria em uma investigação que ainda está por se realizar ou que, no máximo, anunciaria procedimentos ainda exploratórios). No caso de um "Projeto de Dissertação", que o estudante de mestrado apresenta na metade do seu curso, a Pesquisa já deve se encontrar em estágio mais avançado e definido, e daí a pertinência desta mudança de designação.

Neste caso particular, é também aconselhável acrescentar ao Projeto um "Plano de Capítulos", onde devem estar sumariados, de maneira sintética e preliminar, os capítulos pretendidos para o texto final da Dissertação de Mestrado ou da Tese. Em tempo: este "plano de capítulos" é também provisório, sujeito a mudanças e redefinições, e as próprias sugestões recebidas pela banca examinadora podem contribuir para este redirecionamento que poderá conduzir a uma nova organização de capítulos.

## 1.2. As partes de um Projeto de Pesquisa

Conforme pudemos ver, o Projeto cumpre múltiplas funções e finalidades no trabalho de Pesquisa. Ele procura antecipar algumas perguntas fundamentais relacionadas à Pesquisa proposta, tanto no sentido de dar uma satisfação a terceiros (quando for o caso) como no sentido de promover um autoesclarecimento para o próprio pesquisador e um delineamento preciso do recorte temático, de cada etapa, de cada instrumento, de cada técnica a ser abordada. Assim, ele responde de antemão às seguintes perguntas relacionadas à pesquisa proposta: O que se pretende fazer? Por que fazer? Para que fazer? A partir de que fundamentos? Com o que fazer? Como fazer? Com que materiais? A partir de que diálogos? Quando fazer? Cada uma destas perguntas remete, a princípio, a uma parte específica do Projeto – a uma espécie de compartimento redacional onde o pesquisador procura esclarecer de maneira clara e precisa, para os outros ou para si mesmo, as várias instâncias que devem alicerçar o seu trabalho (Quadro 2).

"O que fazer?", por exemplo, é uma pergunta que se busca esclarecer logo de princípio, na "Introdução" do Projeto e, eventualmente, em um capítulo denominado "Delimitação Temática" ou "Exposição do Problema" (estes nomes variam muito, de instituição a instituição, e não devem ser tomados como parâmetros absolutos). Veremos mais adiante que a

## 1. O Projeto de Pesquisa: funções e estrutura fundamental

resposta a esta pergunta deve sofrer sucessivas delimitações, bem como integrar recortes simultâneos que podem remeter a um tempo, a um espaço, a um problema investigado. Por ora, de maneira simplificada, diremos que é precisamente aqui que o pesquisador deve esclarecer ao seu leitor qual é o objeto de sua investigação ou da sua realização científica.

"Por que fazer?" é uma pergunta importante, que interessa particularmente àqueles que irão decidir se o seu projeto deve prosseguir, se deve ser financiado, se pode ser aceito em um programa de pesquisa ou de Pós-Graduação. O capítulo do Projeto que busca esclarecer isto, de forma bem convincente e argumentativa, denomina-se habitualmente "Justificativa" (não raro também se acrescenta a esta denominação as palavras "relevância" ou "viabilidade", que no fundo não são mais do que aspectos específicos de uma "justificativa" no seu sentido mais amplo).

"Para que fazer?" vincula-se ao estabelecimento de objetivos a atingir – dando origem a um capítulo bastante conciso que se refere às finalidades a serem alcançadas, frequentemente enunciadas em ordem numérica e da maneira mais simples possível. Este capítulo recebe habitualmente o título de "Objetivos".

Quadro 2: *As partes de um Projeto de Pesquisa*

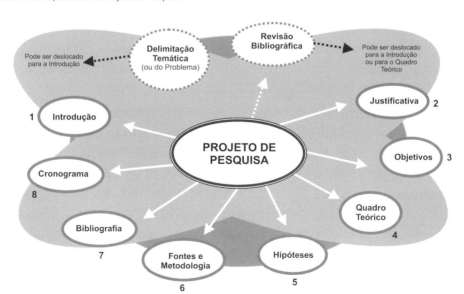

"A partir de que fundamentos?" remete a todo um conjunto de possibilidades teóricas ou mesmo de visões de mundo que, pelo menos em parte, o pesquisador já deve trazer consigo ao iniciar a sua viagem produtora de conhecimento. O capítulo que busca concentrar a referência a estes aspectos fundamentais, verdadeiros alicerces mentais que nortearão as ações e as escolhas feitas pelo pesquisador, denomina-se "Quadro Teórico". Trata-se aqui de definir desde as filiações mais amplas até os conceitos, expressões e categorias que serão utilizados na elaboração reflexiva e na sua exposição de resultados.

"Com o que fazer?" e "Como fazer?" são indagações que reenviam respectivamente aos instrumentos e às técnicas de pesquisa. De fato, um "instrumento" é aquilo com o que se faz, e remete aos recursos de natureza material ou mesmo abstrata que serão empregados como verdadeiras ferramentas para a pesquisa. Neste caso, são "instrumentos" um cronômetro, uma balança, um tubo de ensaio (para o caso de pesquisas nas áreas das ciências exatas e biológicas) mas também um formulário, um questionário, ou mesmo um gráfico que se elabora para acondicionar os dados colhidos e prepará-los para a interpretação.

Já uma "técnica" remete ao modo de realizar algo, e abrange procedimentos como as coletas de informações, as entrevistas, as maneiras sistematizadas de empreender observações, e também as análises de conteúdo, as análises estatísticas, ou outras metodologias destinadas à interpretação dos dados que foram coletados ou captados. Enfim, as "técnicas" podem se referir tanto à coleta de dados e à constituição de documentação como também às análises destes dados e destas fontes.

Os instrumentos e técnicas são habitualmente acondicionados em um capítulo bastante importante do Projeto, e que se denomina "Metodologia", "Métodos e Técnicas", "Procedimentos Metodológicos", ou algo do gênero. Também é utilizada, talvez de maneira ainda mais apropriada, a designação "Materiais e Metodologia" ("Fontes e Metodologia", para o caso da História). É uma designação interessante quando o pesquisador precisa descrever também os materiais sobre os quais irá trabalhar – materiais que não são propriamente aparelhos e ferramentas, mas sim a matéria-prima que sofrerá a intervenção de ferramentas e instrumentais diversos. No caso da História, esta espécie de matéria-prima fundamental da qual precisará partir o historiador que empreende a sua

## 1. O Projeto de Pesquisa: funções e estrutura fundamental

viagem ao passado é a "fonte" ou o "documento histórico". É conveniente dissertar sobre as "fontes" que serão utilizadas, antes de discorrer sobre as metodologias que serão utilizadas para constituí-las em um *corpus* documental definido e para interpretá-las. Daí ser bem comum a designação "Fontes e Metodologia" em um Projeto de História (equivalente a "Materiais e Metodologia" em projetos experimentais vinculados ao campo das ciências exatas).

"A partir de que diálogos?" é a pergunta que situa uma Pesquisa em uma rede de intertextualidades com outros autores. Dito de outra forma, indaga-se aqui pelos "interlocutores" da reflexão a ser realizada. Dificilmente uma pesquisa científica parte do "ponto zero" (se é que já existiu alguma que o tenha feito na história do conhecimento humano). Nem que seja para contestar radicalmente os autores precedentes que já se debruçaram sobre o mesmo problema, o pesquisador precisa inserir a sua reflexão em um diálogo implícito ou explícito com a literatura e com o conhecimento já existente. Mais comum é que, além das eventuais contestações e correções a autores precedentes, o pesquisador também encontre autores e obras que lhe servirão como pontos de apoio, como alavancas para se impulsionar para mais adiante, como inspiração para novos caminhos.

É neste sentido que, em um Projeto de Pesquisa, não pode faltar o que se poderia chamar de uma "Revisão Bibliográfica". Alguns modelos de Projeto atribuem um capítulo especial a este levantamento crítico, onde o pesquisador irá apresentar e discutir algumas das obras preexistentes que serão reapropriadas no seu trabalho, seja sob a forma de assimilação ou de confronto. Mas, por outro lado, o já mencionado "Quadro Teórico", que vimos ser aquele capítulo em que o pesquisador expõe o seu referencial teórico e os conceitos de que irá se valer, pode também incluir como item a revisão bibliográfica, já que de algum modo esta revisão também representa uma base de teoria da qual partirá o pesquisador para elaborar as suas próprias reflexões.

O importante é que este item (ou seu conteúdo) esteja efetivamente presente, embora sem repetições. Portanto, se foi destacado um capítulo especial para a "Revisão Bibliográfica" (que muitas vezes aparece logo depois da "Introdução" ou a da "Delimitação Temática") as obras ali mencionadas não devem ser rediscutidas no Quadro Teórico. É possível ainda discutir algumas obras mais diretamente ligadas ao tema na "Revisão Bibliográfica", e deixar para o Quadro Teórico a discussão de outras que se referem mais propriamente a instrumentais teóricos que serão utilizados, a conceitos importantes para a pesquisa, a categorias e abordagens.

Quando o Projeto de Pesquisa delimita um capítulo especial para a "Revisão Bibliográfica", logo depois da apresentação do tema e da definição da problemática, esta oportunidade deve ser aproveitada para apresentar as lacunas existentes no conhecimento sobre o assunto que será abordado. Tornar claras as lacunas bibliográficas relativas ao enfoque proposto, por sinal, é um excelente elo de ligação para o item "Justificativa", que pode principiar precisamente ressaltando que, dadas as lacunas ainda existentes neste ou naquele aspecto, o Projeto proposto torna-se extremamente relevante, já que poderá contribuir de alguma maneira para supri-las. Com isto, o pesquisador já parte com um excelente argumento a favor da necessidade de a sua pesquisa ser empreendida.

Não é necessário, por outro lado, discutir toda a bibliografia que existe sobre o assunto. Isto seria exaustivo, quando não impossível. Algumas obras podem apenas ser referenciadas no compartimento final do Projeto, a "Bibliografia" ou "Referências Bibliográficas". Outras obras, consideradas pouco importantes para a pesquisa, sequer precisam aparecer. O que não pode faltar são as fontes mais diretas, que no caso de uma pesquisa historiográfica, por exemplo, são os chamados "documentos" ou "fontes históricas". Estas "fontes primárias", aliás, devem aparecer separadas da "bibliografia geral", precedendo-a. Ou seja, no caso dos projetos de História o capítulo "Bibliografia" deve ser organizado em dois itens distintos, um relativo à documentação de época ou mais diretamente assimilada como material primário pertinente ao problema examinado, e outro relacionado às obras de autores vários que refletiram sobre o mesmo tema, e que constituem o diálogo intertextual estabelecido pela Pesquisa.

"Quando fazer?" é a pergunta que remete à temporalidade relacionada à duração da pesquisa, ao planejamento das suas várias etapas. Toda pesquisa deve ser proposta em relação a um intervalo de tempo definido, mesmo que passível de renovação. Frequentemente, ela será realizada por etapas, e se abranger um período relativamente amplo (um ano ou mais) será necessário dar à Instituição satisfações periódicas a respeito

## 1. O Projeto de Pesquisa: funções e estrutura fundamental

do andamento da Pesquisa, o que poderá ser feito com a utilização de um tipo de texto que é chamado "Relatório de Pesquisa".

Com relação ao Projeto, as várias etapas previstas, as várias atividades que serão realizadas, os diferentes trabalhos que integrarão a pesquisa – tudo isto precisa ser referenciado em um "Cronograma de Pesquisa", normalmente sob a forma de um quadro ou tabela que expõe de maneira instantânea a relação entre o conjunto de ações previstas e o tempo previsto para serem realizadas. O Cronograma é um instrumento não apenas para o controle da Instituição, mas principalmente para o autocontrole do pesquisador no que se refere ao andamento do seu trabalho. Ele não é, naturalmente, uma tábua sagrada e implacável, mas é uma orientação importante para a realização do trabalho.

Ficou faltando mencionar o capítulo relacionado às "Hipóteses", que normalmente vem situado após o "Quadro Teórico" e antes do capítulo relacionado à "Metodologia". De certo modo, as hipóteses constituem o verdadeiro cerne da pesquisa do tipo "tese". Veremos adiante que uma hipótese corresponde a uma resposta (ou possibilidade de resposta) que se relaciona ao problema formulado.

Uma hipótese representa uma direção que se imprime à Pesquisa, mesmo que seja abandonada no decorrer do processo de investigação em favor de outra. Ao mesmo tempo em que deve estar intimamente relacionada ao "Quadro Teórico", as hipóteses também contribuem para definir a "Metodologia" que será empregada. Desta forma, as hipóteses preenchem um certo espaço entre a teoria e a metodologia de um Projeto de Pesquisa, razão por que se prefere localizá-la entre estes dois capítulos.

De certo modo, é somente quando se consegue elaborar uma ou mais hipóteses de trabalho que a Pesquisa começa a tomar a forma requerida a uma Dissertação de Mestrado ou a uma Tese de Doutorado. Caso contrário, tem-se apenas um trabalho descritivo, que pode ser adequado a uma Monografia ou a um Livro que se proponha a desenvolver determinado assunto, mas que não corresponde propriamente ao modelo de tese. Uma tese não é uma reflexão livre, descritiva ou ensaística, mas sim uma reflexão sistematizada e orientada por um determinado problema.

Por outro lado, vale lembrar que nem toda Pesquisa corresponde necessariamente a um modelo de Tese, e pode se dar que o objetivo do pesquisador seja apenas o de levantar determinado conjunto de dados ou de informações. Este tipo de pesquisa é em diversas ocasiões requerido por empresas que precisam se manter informadas para definir suas linhas de ação. Pode-se, por exemplo, encomendar uma "pesquisa de mercado", ou ainda uma "pesquisa de tendências" que vise acompanhar um processo eleitoral com tal ou qual finalidade. Pode-se visar o levantamento do perfil de determinado grupo de consumidores, ou empreender uma pesquisa descritiva que busque levantar as características de determinada localidade. Neste caso, se o Projeto de Pesquisa do qual estamos falando *não* é um projeto problematizado no modelo de tese, obviamente não tem sentido um capítulo relativo a "Hipóteses".

|  | *Introdução* |
|---|---|
| Quem fará? | *Descrição de pessoal*, se houver (senão, este item é suprido pelo registro do nome do autor na folha de rosto) |
| O que fazer? | *Delimitação Temática* e Formulação do Problema |
| Dialogando com quem? | *Revisão Bibliográfica* |
| Por que fazer? | *Justificativa* |
| Para que fazer? | *Objetivos* |
| Com que fundamentos? | *Quadro Teórico* |
|  | *Hipóteses* |
| Com que materiais? | *Fontes e Metodologia* |
| Com que instrumentos? | *Fontes e Metodologia* |
| De que modo fazer? | *Fontes e Metodologia* |
| Quando fazer? | *Cronograma* |
| Com que recursos? | *Recursos* e *Aspectos orçamentários* |
|  | *Bibliografia* |

Em linhas gerais, as partes acima descritas compõem a totalidade do Projeto de Pesquisa, podendo ainda ser incluído um capítulo relacionado a "Recursos" para o caso de serem requeridos a determinada instituição financiamentos diversos, equipamentos, passagens, e também a contrata-

## 1. O Projeto de Pesquisa: funções e estrutura fundamental

ção de pessoal técnico. O capítulo "Recursos", que pode abranger um plano de custos da pesquisa e uma exposição de suas necessidades materiais, estaria respondendo a uma nova pergunta: "Quanto vai custar?"

A tabela acima relaciona cada uma das perguntas sugeridas à sua seção específica dentro de um Projeto de Pesquisa.

Pode-se dar, ainda, que para além dos recursos econômicos e materiais seja necessário planejar diversificados recursos humanos. Neste caso, estaremos falando de uma pesquisa que não será empreendida por uma só pessoa, mas por uma equipe que poderá ser coordenada pelo autor do Projeto. Trata-se, neste caso, de planificar a contribuição e atuação de todos os participantes, e de indicar eventualmente entidades que estejam atuando em conjugação com o Projeto. Em uma palavra, trata-se de responder às perguntas "Quem vai fazer?" e "O que cada um vai fazer?"

Estes últimos aspectos, naturalmente, fogem ao caso dos Projetos de Dissertação ou de Tese, que implicam necessariamente em trabalhos individuais. Quanto aos demais aspectos, correspondem ao tipo de conteúdo que deve aparecer em qualquer espécie de Projeto ao qual se queira dar um tratamento minimamente profissional. Para sintetizar o que já foi dito, o esquema da página 20 procura relacionar as várias perguntas que se faz a um Projeto com os seus capítulos correspondentes.

Por outro lado, embora os vários tipos de conteúdo atrás descritos marquem uma presença quase certa, deve ficar claro que não existe um parâmetro oficial e único de Projeto de Pesquisa no que tange à sua ordem e definição de capítulos. Partindo do modelo atrás proposto, o pesquisador pode considerar adequado suprimir ou acrescentar capítulos, reunir duas seções em uma única, modificar a ordem de apresentação dos capítulos propostos, e assim por diante – desde que isto faça algum sentido para a sua pesquisa ou que atenda a um padrão qualquer de lógica proposto pelo próprio autor do projeto. De igual maneira, um tipo de pesquisa ou um campo de conhecimento específico pode exigir a abertura de um capítulo que não seria necessário, ou mesmo pertinente, em outro. Enfim, qualquer modelo de projeto proposto em uma obra de Metodologia Científica não pode ser mais do que isto: um modelo, pronto para ser alterado e adaptado de acordo com as necessidades do usuário.

Outra coisa que deve ficar clara é a distinção entre o Projeto e a Pesquisa propriamente dita, ou ainda entre o Projeto de Tese e a própria Tese. Um projeto é uma proposta de realizar algo, é um roteiro, um instrumento de planejamento. Sua linguagem, ou pelo menos sua intenção, está associada a um tempo verbal futuro. Já a Tese, texto onde o pesquisador registra o resultado de sua pesquisa e reflexão, é um trabalho realizado e concluído. É a Tese que se transformará eventualmente em livro, não o Projeto. Em vista disto, a linguagem da tese refere-se a uma pesquisa já realizada, enquanto a do Projeto remonta a uma Pesquisa por se realizar.

Desta maneira, se em algumas ocasiões é possível aproveitar para o texto da Tese trechos que haviam sido escritos originalmente para o seu Projeto de Pesquisa (um quadro teórico ou metodológico, uma revisão bibliográfica), deve-se ter o cuidado de adaptar a linguagem do "futuro ainda não realizado" que aparece no Projeto para a linguagem do "passado já realizado", da pesquisa já concluída exposta na Tese.

Por fim, acrescentaremos que o modelo de Projeto de Pesquisa atrás discutido, em suas instâncias fundamentais, pode ser utilizado de maneira eficaz para a maioria dos campos de conhecimento, sejam os pertencentes ao universo das ciências humanas, sejam os pertencentes ao universo das ciências exatas e biológicas (universos que nem sempre têm fronteiras assim tão nítidas, o que remete a questões que por ora não serão discutidas). Outrossim, as especificidades do Projeto de Pesquisa em História também serão discutidas nos próximos capítulos, a partir dos quais examinaremos cada item que habitualmente constitui um Projeto.

# 2
# Introdução e Delimitação do Tema

## 2.1. Dois tipos de Introdução

Um bom Projeto deve principiar com uma *Introdução* adequada. Existem dois tipos de Introdução que aparecem mais frequentemente nos projetos de pesquisa. Se o Projeto não possui um capítulo especial para a "Delimitação do Tema" ou para a "Exposição do Problema", estes aspectos devem ser discutidos de maneira mais pormenorizada na Introdução do Projeto. A Introdução será, neste sentido, um primeiro capítulo do Projeto onde o Tema é simultaneamente apresentado e discutido já de forma aprofundada.

Se, porém, já existe um capítulo especial para a "Delimitação Temática" ou para a "Exposição do Problema" – situação que de nossa parte recomendamos – a "Introdução" assumirá uma outra função: ela se constituirá em uma espécie de resumo do Projeto, com uma ou duas páginas, onde o pesquisador apresentará em termos muito sucintos o conteúdo do seu Projeto de Pesquisa.

Este tipo de Introdução é bastante interessante quando se trata de encaminhar um Projeto para uma Instituição da qual se quer obter algum tipo de apoio ou financiamento. Falando mais francamente, os executivos ou diretores de instituições não se mostram muito disponíveis para ler na sua totalidade todos os projetos que lhes chegam às mãos. Estas pessoas habitualmente consideram que não têm muito tempo a perder, e certamente apreciarão bastante que os projetos que lhes forem dirigidos se iniciem com uma Introdução de uma, duas ou três páginas que resumam os principais aspectos da Pesquisa proposta. Interessando-se pelo Projeto apresentado nesta Introdução, eles certamente se darão ao trabalho de ler os seus demais capítulos para conhecer os vários detalhes e aprofundamentos da Pesquisa que está sendo proposta. Por outro lado, em se tratando de uma Pesquisa que não os interesse por um motivo ou outro, eles já perceberão isto logo na leitura da Introdução e não perderão um tempo que consideram tão precioso. A Introdução, desta forma, deve conter todas as informações que dirão a estes examinadores se eles devem continuar lendo o Projeto ou se, efetivamente, ele não os interessa.

É possível que um executivo de uma grande empresa tenha a tendência a ignorar o seu Projeto se ele não apresentar este tipo de Introdução. O mesmo poderá acontecer com os examinadores de Projeto ligados a uma instituição acadêmica, como por exemplo os examinadores que foram encarregados de avaliar os Projetos de Pesquisa propostos para o ingresso em um Programa de Pós-Graduação. Como muitas vezes existem dezenas ou até centenas de candidatos para uma Seleção de Doutorado em uma boa instituição universitária, você corre o risco de não ter o seu Projeto lido, ou pior ainda, ter o seu Projeto *mal lido*, se não o iniciar com um bom resumo de Projeto inteiro.

A Introdução do tipo resumo é o que assegurará que o seu Projeto será bem compreendido nas suas linhas gerais, mesmo que o avaliador não tenha uma disponibilidade inicial para ler o Projeto inteiro. Por outro lado, se for realmente uma boa Introdução, é provável que este avaliador se sinta motivado a compreender de maneira mais aprofundada a pesquisa que está sendo proposta, os seus detalhes e especificações, a argumentação que a sustenta, a sua viabilidade, e assim por diante. Para assegurar este efeito, a Introdução deve funcionar como uma espécie de microcosmo do Projeto inteiro: deve conter de maneira extremamente resumida as informações e aspectos que aparecerão discutidos de forma mais aprofundada em cada um dos capítulos do Projeto.

Em um Projeto de História, isto quer dizer que a Introdução deverá mencionar – de modo ainda não aprofundado – o Tema com suas especificações mais fundamentais (incluindo recorte temático e espacial), as fontes principais, algumas indicações metodológicas e teóricas, e também um ou outro aspecto associado à justificativa ou viabilidade da Pesquisa. Tudo isto, atente-se bem, de forma extremamente resumida, com um ou dois parágrafos para cada um destes itens. Os detalhamentos e desdobramentos mais aprofundados virão certamente no corpo de cada um dos capítulos do Projeto. A Introdução é só para dar ao avaliador uma ideia ainda simplificada da Pesquisa proposta, e para motivá-lo a examinar com maior especificidade o que foi apenas enunciado nestes parágrafos iniciais. A Introdução mostra-se desta forma como um convite para que o avaliador examine o Projeto na sua totalidade.

Supondo que o seu Projeto iniciou-se com este tipo de Introdução, o capítulo que deve vir a seguir é precisamente aquele que se refere a uma exposição já aprofundada do Tema ou Objeto da Pesquisa. Este capítulo, que é o verdadeiro capítulo inicial do Projeto (se considerarmos que a Introdução é apenas um resumo ou uma síntese), pode receber nomes diversificados: *Delimitação Temática, Apresentação do Problema, Objeto da Pesquisa* – estes são apenas algumas das designações que frequentemente são empregadas para nomear este capítulo que procura essencialmente esclarecer o que será pesquisado ou realizado, caso o Projeto seja aprovado ou encaminhado para execução. Por opção, chamaremos aqui este capítulo de "Delimitação Temática". Posto isto, lembramos que – para o caso de projetos que não optaram pela Introdução de tipo sintético – o capítulo referente à "Delimitação Temática" pode tomar para si simplesmente o nome de "Introdução".

Os comentários sobre este capítulo do Projeto de Pesquisa nos permitirão neste momento discutir um problema mais amplo, que é aquele referente à escolha de um Tema e à delimitação do seu recorte em uma pesquisa histórica.

## 2.2. O "recorte temático" diante de suas motivações sociais e intradisciplinares

A escolha de um tema para pesquisa mostra-se diretamente interferida por alguns fatores combinados: o *interesse* do pesquisador, a *relevância* atribuída pelo próprio autor ao tema cogitado, a *viabilidade* da investigação, a *originalidade* envolvida. Mas é preciso reconhecer que, por outro lado, a estes fatores mais evidentes vêm se acrescentar inevitavelmente outros dos quais o próprio pesquisador nem sempre se apercebe. Existe por exemplo uma pressão indelével que se exerce sobre o autor a partir da sua sociedade, da sua época, dos paradigmas vigentes na disciplina em que se insere a pesquisa, da Instituição em que se escreve o pesquisador, ou do conjunto dos seus pares virtuais e concretos.

Tudo isto incide de maneira irresistível e silenciosa sobre o autor, mesmo que disto ele nem sempre se dê conta. Tornar-se consciente dos limites e desdobramentos sociais e epistemológicos de uma temática é uma questão estratégica importante para aquele que se empenha em viabilizar uma proposta de pesquisa, sendo forçoso reconhecer que o sucesso na boa aceitação de um projeto depende em parte da capacidade do seu proponente em conciliar os seus interesses pessoais com os interesses sociais mais amplos. Começaremos então por aqui.

Já se disse que um tema de pesquisa histórica (ou de qualquer outra modalidade de pesquisa) deve ser relevante não apenas para o próprio pesquisador, como também para os homens de seu tempo – estes que em última instância serão potencialmente os leitores ou beneficiários do trabalho realizado. Daí a célebre frase, cunhada por Benedetto Croce e reapropriada por Lucien Febvre[1], de que "toda história é contemporânea". Sempre escrevemos a partir dos olhares possíveis em nossa época, e necessariamente escreveremos não só sobre aquilo que de nossa parte consideramos ser relevante, mas também sobre aquilo que tem relevância para nossos próprios contemporâneos. Tirando eventuais arroubos visionários e prenunciadores de interesses futuros, todo historiador tem pelo menos um de seus pés apoiado no seu tempo. Por trás de sua escrita, é a um leitor que ele busca (conscientemente ou não).

Visto deste modo, o problema da relevância de um tema histórico atravessa questões algo complexas. É preciso considerar que aquilo que uma época ou sociedade considera digno de estudo poderá ser ou ter sido considerado irrelevante em um outro momento histórico ou situação social. No século XIX, pouca gente imaginava no campo da historiografia ocidental que um dia iriam se tornar tão atrativos os estudos sobre a Mulher nas várias épocas históricas. Mas a partir da segunda metade do século XX este tem sido precisamente um dos temas mais cotejados pelos historiadores do Ocidente. Sem dúvida contribuíram para isto os movimentos feministas, a gradual inserção da mulher no mercado de trabalho, o reconhecimento acadêmico e político das minorias

---

[1] Benedetto CROCE. *Teoria e storia della storiografia*. Bari: Laterza & Figli, 1943. Lucien FEBVRE. *Combates pela História*. S. Paulo: Ed. UNESP, 1992.

## 2. Introdução e Delimitação do Tema

e maiorias oprimidas, e outros tantos processos que se desenvolveram no decurso do século XX.

Foi especificamente sob o contexto destes processos mais amplos que os silêncios historiográficos a respeito da mulher passaram a ser ciosamente preenchidos pelos historiadores das mais diversificadas tendências, e até com uma certa avidez que buscava como que compensar o tempo perdido pelas gerações anteriores. As próprias mulheres do século XX, por outro lado, passaram a partilhar também aquela função de historiador que antes era exercida quase que exclusivamente pelos homens. De todos os lados surgiram obras sobre "A mulher na Idade Média", "A mulher escrava no Brasil Colonial", "A mulher na Revolução Francesa", e também obras sobre personalidades históricas femininas. Na segunda década do século XX começaram inclusive a ser publicadas, primeiro na França e depois em outros países, obras panorâmicas sobre a história das mulheres, em vários volumes, abarcando épocas e sociedades diversas.

Assim, um campo temático que em uma época anterior poderia ter sido tachado de irrelevante, ou que naquele momento sequer teria sido cogitado no seio da disciplina histórica, passava a constituir nesta outra época uma escolha historiográfica extremamente significativa. Eis aqui os olhares da sociedade presente e os seus movimentos internos fornecendo caminhos em pontilhado aos historiadores que, por vezes sem percebê-los, vão percorrendo-os quase que espontaneamente.

Existe ainda, para além das questões relacionados ao reconhecimento social da relevância temática, a questão mais delicada das pressões políticas e éticas que se exercem sobre o pesquisador que escolhe o seu tema ou delimita o seu problema de estudo. As escolhas éticas do historiador constituem certamente uma dimensão intrincada e complexa do trabalho histórico, sendo oportuno notar que esta dimensão ética se vê por diversas vezes perturbada por fatores menos relacionados com a "ética" propriamente dita do que com a "política" no seu sentido mais corriqueiro e cotidiano.

Incorporar uma dimensão ética à pesquisa científica é, sem sombra de dúvida, uma das mais legítimas preocupações que devem assaltar o pesquisador neste início de milênio. O cientista que inicia uma pesquisa sobre a possibilidade de clonar seres humanos deve refletir demoradamente sobre as implicações sociais desta possibilidade. O físico que libera as energias do átomo deve refletir preventivamente sobre as possibilidades de utilização das suas descobertas para a indústria bélica – para depois não precisar se refugiar naquele argumento vazio de "neutralidade" que advoga que o papel dos físicos é apenas desenvolver tecnologia, deixando-se aos políticos a obrigação moral de encaminhar adequadamente a utilização dos produtos desta tecnologia.

Da mesma forma, pode-se postular que a escolha de certos caminhos historiográficos e sociológicos deva ser permeada por uma reflexão ética correspondente. A que interesses servem o meu produto? Quais as futuras implicações do que agora escrevo? Que caminhos aqui se abrem, e que caminhos aqui se fecham? Contribuo para um mundo melhor, ou pelo menos mais divertido? É legítimo que o historiador interrogue a si mesmo acerca das responsabilidades envolvidas na leitura da História que ele mesmo produz. "Ciência com consciência"[2] – têm clamado nestas últimas décadas os filósofos de uma nova ecologia do conhecimento. "História com consciência histórica" – deveria ser um dos ecos deste clamor.

Mas há também o outro lado da questão. O "politicamente correto" é uma construção social do momento, como bem sabem os historiadores. O cuidado com o "eticamente adequado" e com o "politicamente correto" deve funcionar como fator *enriquecedor*, e não como fator *imobilizador*. Assim, se a sensibilidade do público e da comunidade acadêmica em relação a certo tema ou abordagem beneficia-se de oscilações através do tempo, para o desenvolvimento destas oscilações não deixam de contribuir também, com a sua iniciativa e com a sua práxis, os próprios historiadores. Para além disto, o tempo vivido é sempre o maior avalista de um objeto de estudo. Quantos temas históricos e perspectivas interpretativas – que um dia talvez tenham sido considerados empreitadas tão delicadas quanto caminhar através de um campo minado – não se tornaram possíveis depois que se "esfriaram" os acontecimentos!

Consideremos, a título de exemplo, os eventos traumáticos dos mega-atentados terroristas às torres gêmeas do World Trade Center em Nova

---

2. E. MORIN. *Ciência com consciência*. Rio de Janeiro: Bertrand Brasil, 1996.

## 2. Introdução e Delimitação do Tema

York, no início deste novo milênio. Sob o peso do horror de milhares de mortes, dificilmente um pesquisador ocidental poderia enfrentar comodamente – nas proximidades cronológicas e espaciais deste evento – o desafio de escrever uma tese sobre "a importância dos mega-atentados de 2001 para a redefinição de uma futura política internacional mais socialmente conduzida". Passados alguns anos, certamente começarão a surgir as teses e reflexões políticas menos comprometidas com as reações emocionais imediatas àqueles acontecimentos, e portanto mais acadêmicas ou profissionais. Hoje em dia qualquer historiador americano estuda Saladino, o grande líder islâmico medieval, sem se engajar em uma cruzada. Mas qual deles se arriscaria – nestes dias seguintes aos mega-atentados, com a fumaça dos escombros ainda chegando aos céus de Nova York – a escrever teses explorando alguns dos lados mais espinhosos desta questão tão minada de ambiguidades?

Vale a pena visitar um ponto de vista exterior à Disciplina para iluminar a reflexão sobre o desejado equilíbrio entre "envolvimento ético" e "distanciamento crítico" na pesquisa histórica. Ao examinar os limites do conhecimento histórico, o antropólogo Da Matta tece alguns comentários que devem ser considerados:

> A eventos distantes no tempo corresponde uma predominância de interpretações acadêmicas em contraste com interpretações políticas; o evento está mais "frio", para usarmos um qualificativo inventado por Lévi-Strauss. Concomitantemente, um evento mais próximo no tempo é um fato ainda se desenrolando entre nós. Um episódio que não esgotou suas ondas de impacto. Daí, certamente, as dificuldades de uma interpretação "fria" acadêmica e a multiplicidade de interpretações políticas. Trata-se de um episódio "quente", que se desenrola diante dos nossos olhos, e que ainda depende de nossa ação sobre ele[3].

A escolha de um tema, enfim, frequentemente se faz sob a força de ondas de impacto que nem sempre são percebidas pelos pesquisadores. Por outro lado, se os horizontes de expectativas de uma sociedade exercem sua irresistível influência sobre os historiadores na escolha de seus

---

[3]. Roberto DA MATTA. *Relativizando – Uma introdução à antropologia social*. Rio de Janeiro: Rocco, 2000 (6ª edição). p.128.

temas, também as práticas disciplinares vigentes em um período contribuem com a sua silenciosa pressão sobre os pesquisadores, com ou sem a consciência destes. O "paradigma"* de uma determinada disciplina como a História, em certa época, estende-se acima de todos os seus praticantes como um manto invisível, mesmo que haja diferenças radicais entre vários dos setores deste campo disciplinar e também resistências ao paradigma preponderante. Examinemos de perto esta questão.

No mundo ocidental, a Historiografia do século XIX havia se constituído tradicionalmente em torno do campo político, direcionando-se mais especificamente para o desenvolvimento dos Estados Nacionais. Ao lado desta historiografia francamente nacionalista, e frequentemente imbricada nela, havia também a "História dos Grandes Homens"*, conforme o modelo apregoado pelo historiador escocês Thomas Carlyle. No que concerne ao estilo do seu discurso, de modo geral a Historiografia tendia a ser francamente narrativa (e pouco analítica ou estrutural como ocorreria no século XX). A própria narrativa historiográfica assim produzida era essencialmente uma "narrativa linear" (não dialógica*, e não complexa). Com relação ao ponto de vista em torno do qual se organizava esta narrativa linear, era sempre o do poder instituído, e a História tinha uma tendência a ser quase sempre uma "História Institucional". Era neste "modo historiográfico" que os historiadores estavam habitualmente mergulhados, e os temas que selecionavam para suas pesquisas e reflexões aí se inscreviam de maneira imperiosa.

Na Historiografia do século XX, pelo menos a partir da sua terceira década, instalou-se ou reforçou-se uma tendência nova, que foi se tornando cada vez mais preponderante. A partir da chamada *Escola dos Annales*\*, das novas formulações marxistas e de tantas outras contribuições historiográficas, consolidou-se precisamente um novo tipo de História, que relativamente ao seu modo de constituir o objeto de estudo e o discurso do historiador pode ser chamada de "História-Problema" – expressão que será aqui tomada no sentido de uma "história problematizada", construída em torno de hipóteses e de análises de profundidade, e não mais como uma História que é mera ordenação factual ou descritiva.

De certa forma Karl Marx (1818-1883), no próprio século XIX, já havia sido um precursor deste novo tipo de História juntamente com outros historiadores isolados. O fundador do Materialismo Histórico* es-

## 2. Introdução e Delimitação do Tema

tava preocupado com um problema muito específico quando elaborava as suas análises sociológicas e históricas: o problema do desenrolar da luta de classes e de sua inserção em um modo de produção específico. Esta história já *problematizada* proposta pelas obras de Marx contrastava francamente com a produção historiográfica de seu tempo – situação que se veria invertida a partir do século XX.

Já não teria muito sentido para este novo século uma História meramente descritiva ou narrativa, no sentido exclusivamente factual. Aos historiadores impunha-se agora a tarefa não de simplesmente descrever as sociedades passadas, mas de analisá-las, compreendê-las, decifrá-las. Tratava-se, por um lado, de constituir um problema central que guiasse a reflexão historiográfica a ser realizada; de outro lado, cumpria trazer a discussão desenvolvida em torno do problema escolhido para a superfície do discurso.

Exemplificando com casos mais concretos, não faria mais sentido – a não ser em uma obra de divulgação para o grande público – produzir uma história descritiva e narrativa dos acontecimentos que marcaram a Revolução Francesa. O que se exigia do historiador agora era que ele recortasse um problema dentro da temática mais ampla da Revolução Francesa – como por exemplo o problema da "dessacralização do poder público na Revolução Francesa", o problema da "influência das ideias iluministas nos grupos revolucionários", ou o problema da "evolução dos preços na crise que precedeu o período revolucionário".

O "Problema" passou a ser um recorte que deveria ser feito necessariamente no "tema", conforme os novos parâmetros da própria disciplina histórica. Ao lado disto, o pensamento historiográfico passou a ser cientificamente conduzido por hipóteses, e não mais pela mera ambição descritiva ou narrativa. Levantar questões torna-se a partir de então uma dimensão fundamental para este novo tipo de História, conduzindo-a para muito além das explicações de tipo linear dos antigos historiadores.

De igual maneira, reconheceu-se na História que passou a preponderar no século XX a existência de uma pluralidade de perspectivas possíveis – e passou-se a falar também em uma "História vista de baixo", em uma história das massas, e mesmo em uma história do indivíduo anônimo (em contraposição à velha biografia dos heróis oficializados). Com tantos novos desenvolvimentos, uma inédita diversidade de temáticas e de problemas possíveis para o trabalho historiográfico pôde ser pensada pelos pesquisadores do século XX, ao passo em que outras temáticas mais tradicionais foram se eclipsando. Na primeira metade deste século, por exemplo, declinaram as biografias de grandes personagens históricas, embora nas últimas décadas deste mesmo século elas tenham começado a retornar de forma totalmente distinta, mostrando-se já como "biografias problematizadas" que buscam iluminar através de uma vida os aspectos mais amplos da sociedade e não meramente ilustrar a vida de um grande rei ou herói.

Acompanhando as novas tendências, os domínios da História ampliaram-se extraordinariamente para âmbitos diversos – da cultura material até as mentalidades – e mesmo o presente foi declarado território de exploração para o historiador, com a proposta de uma "história imediata" (ou de uma "história do tempo presente"). Tornando-se mais interdisciplinar, a História incorporou as abordagens de outras disciplinas como a Antropologia, a Linguística e a Psicanálise, ampliando ainda mais a sua disponibilidade temática. A velha história política, com suas escolhas temáticas entre o institucional e o individual de elite, com seu olhar de cima e sua perspectiva eurocêntrica, teve de ceder espaço a uma nova história com a sua miríade de novos temas, a eclipsar os antes tradicionais objetos de estudo que, agora, teriam de esperar novas reviravoltas para recuperar algum espaço no palco historiográfico[4].

Os campos temáticos da historiografia, como se vê, vêm e vão de acordo com as próprias flutuações histórico-sociais e em sintonia com as mudanças de paradigmas historiográficos. Com tudo isto, pretendemos dar a perceber que os temas e problemas selecionados para pesquisas históricas não constituem inteiramente uma escolha dos historiadores. A So-

---

[4]. Só nas últimas décadas do século XX começam a retornar, por exemplo, as possibilidades de um historiador tomar para objeto de estudo uma grande batalha, como foi o caso da *Batalha de Bouvines*, de Georges Duby. E as biografias de grandes personagens, depois de um longo ostracismo, também retornam em obras como o *São Luís* e o *São Francisco de Assis* de Jacques Le Goff e com o *Eleito de Deus* (Oliver Cromwell) de Christopher Hill. Quanto às biografias problematizadas de Lucien Febvre – sobre Lutero, Rabelais e Erasmo – foram exceções na primeira geração dos *Annales*, uma espécie de caminho prenunciado mas deixado a percorrer por gerações bem posteriores.

ciedade, a Instituição e a comunidade de historiadores na qual eles se inscrevem exercem o seu papel de criar um universo de temáticas possíveis a partir das quais os historiadores fazem as suas escolhas. Dizer que estas escolhas são inteiramente livres seria uma quimera. A historiografia, tal como já assinalou de maneira bastante pertinente Michel de Certeau, inscreve-se em um "lugar de produção" bem definido[5].

É claro que compete aos historiadores inovar e propor novos temas e problemas para as suas pesquisas históricas. Mas é somente à custa de muitas resistências vencidas que os temas radicalmente inovadores passam a ser tolerados e respeitados, antes de passarem a compor com outros o repertório de temas historiográficos possíveis ou até de se tornarem a moda do momento.

Em se tratando de pesquisas históricas realizadas dentro de instituições acadêmicas, ou mais especificamente das teses de mestrado ou doutorado, temos de reconhecer que a margem de escolha para os pesquisadores de História é frequentemente ainda mais restringida. Por vezes, estes têm de se adequar às linhas de pesquisa* ou áreas de concentração da Instituição em que pretendem se inserir. Uma vez aceitos, terão de buscar um orientador e negociar com este o tema proposto. Não raro o orientador manifestará o interesse de que o orientando se encaixe em um Projeto maior que está coordenando, ou de que o orientando se sintonize com outros temas que já se encontram sob sua orientação. O interesse do orientador também é um dado legítimo, se quisermos falar mais francamente, e este dado passa a interagir de um modo ou de outro com o interesse mais específico do orientando.

Uma solução para o pesquisador que já possui um interesse temático muito bem estabelecido, e que pretende ingressar em um Programa de Pós-Graduação, é investigar previamente qual a Instituição e quais os orientadores desta Instituição que melhor se sintonizarão com os seus objetivos. Esta será uma boa estratégia para diminuir a margem de conflitos, embora em uma certa medida os conflitos sejam inevitáveis e até desejáveis. Lidar habilmente com os conflitos de interesse que orbitam na

---

5. Michel de CERTEAU. "A operação histórica". In *A Escrita da História*. Rio de Janeiro: Forense, 1982. p.31-64 e p.65-119.

relação "Orientador/Orientando/Instituição" pode mesmo contribuir para enriquecer um tema, e não necessariamente para despedaçá-lo.

## 2.3. As escolhas que dependem mais diretamente do pesquisador

Colocadas as questões pertinentes às pressões externas que se abatem sobre um tema de pesquisa ou que o beneficiam, consideremos agora o que deve ser levado em conta do ponto de vista do próprio pesquisador quando da escolha de seu tema.

Antes de mais nada, o pesquisador deve perguntar a si mesmo se o tema escolhido efetivamente o interessa. Nada pior do que trabalhar em uma pesquisa com a qual não nos identificamos. Uma pesquisa sobre um tema sem interesse para o autor, apenas com vistas a assegurar um título de mestre ou de doutor (situação que tantas vezes se verifica), corre o risco de se tornar meramente burocrática, e de repassar aos futuros leitores e à banca que examinará a tese a mesma sensação de enfado que assaltou o seu autor durante a sua realização. O destino de uma tese como esta é um arquivo que jamais será consultado pelos olhares interessados dos futuros pesquisadores, e que somente será lembrada pelo seu próprio autor como uma tarefa penosa que teve de cumprir um dia para conquistar uma pequena promoção acadêmica ou salarial.

É necessário, portanto, investir em um interesse efetivo quando se busca uma temática para iniciar uma pesquisa – interesse que, trazendo as marcas subjetivas que afetam diferentemente cada pesquisador, pode estar motivado tanto por uma simples curiosidade intelectual como pela intenção mais altruísta de fazer avançar o conhecimento científico.

Já o aspecto da *relevância* do tema escolhido é sempre uma questão delicada. Será relevante escrever uma tese sobre a minha pequena cidade natal, apenas para preencher motivações afetivas que provavelmente me chegam dos tempos de criança? Não seria melhor me dedicar a um assunto de interesse nacional, que correspondesse a um maior número de interesses entre os meus possíveis leitores? Ou, pensando bem, a tese sobre a pequena cidade em que nasci não poderia se converter em um excelente exercício de micro-história para compreender a sociedade mais ampla e acessar outras realidades similares?

## 2. Introdução e Delimitação do Tema

Procurar indagar sobre que interesse uma certa pesquisa poderá ter para a sociedade corresponde sempre a uma reflexão legítima. Tal como já foi mencionado, a relevância que um autor atribui ao seu próprio trabalho tende a interagir com os critérios de relevância que lhes chegam através da sociedade ou da Instituição, ou ainda através do conjunto de opiniões que o alcançam a partir de seus pares historiadores sob a forma de comentários e intertextualidades diversas. De qualquer maneira, o que não se pode é classificar uma pesquisa alheia como "irrelevante" apenas com base nos critérios que nós mesmos resolvemos adotar. Já se disse que "nada do que é humano é alheio ao historiador". Dentro dos limites generosos do "tudo é história", o pesquisador deve se esforçar por encontrar um tema que o deixe simultaneamente em paz consigo mesmo e em paz com o mundo que o cerca.

Não existem parâmetros oficiais para medir a relevância de um tema. O que existe é um consenso de que a questão da relevância deve ser constantemente refletida por aqueles que pretendem realizar um trabalho científico. Esta consciência dos aspectos que trazem relevância ao tema, aliás, também deve aparecer no Projeto de Pesquisa – merecendo um capítulo especial que chamaremos de "Justificativa" e que discutiremos mais adiante.

Outro aspecto fundamental a ser considerado por ocasião da escolha do tema é a sua *viabilidade*. Por mais que um tema nos interesse, e por mais que o consideremos relevante, será inútil embarcar na aventura da produção de conhecimento científico se este tema não for viável. Existirá uma documentação adequada a partir da qual o tema poderá ser efetivamente explorado? Se esta documentação existe, conseguirei ter um acesso efetivo a ela? Existirão aportes teóricos já bem estabelecidos que me permitam abordar o tema com sucesso? Se não existirem, terei plena capacidade para forjar eu mesmo o instrumental teórico que me permitirá trabalhar com a temática proposta? O tema proposto requer exame de documentação escrita em língua estrangeira que não domino? Estarei plenamente capacitado para investigar este tipo de temática? Em uma palavra: o meu tema é viável? Eis uma preocupação que, com toda razão, deve pairar sobre a escolha do tema a ser investigado.

Um fantasma que costuma rondar a escolha de um tema para pesquisa é a obsessão do "ineditismo". Com frequência se exige das escolhas temáticas que elas sejam perpassadas por algum nível de originalidade. Não tem sentido acadêmico empreender uma pesquisa que rigorosamente já foi realizada, ou escrever uma tese que repita com mínimas variações uma tese anterior. O caráter inovador é ainda mais exigido em uma Pesquisa de Doutorado, mas também na Pesquisa de Mestrado é habitualmente solicitado.

Atente-se, porém, que a originalidade pode aparecer de diversas maneiras em uma pesquisa prevista. Um historiador pode inovar no seu tema propriamente dito, nas hipóteses propostas, nas fontes que utilizará, na metodologia a ser empregada, ou no seu aporte teórico. O seu tema já tantas vezes percorrido por outros historiadores pode merecer uma interpretação inteiramente nova, mesmo utilizando fontes já conhecidas. Assim, o pesquisador não deve deixar que o persiga obsessivamente a ideia de que é preciso encontrar um tema que ainda não tenha sido trabalhado. Tanto mais que, com uma superpopulação sempre crescente de dissertações de mestrado e teses de doutorado, os temas literalmente virgens tornam-se cada vez mais raros.

Na verdade, é sempre possível inovar – mesmo que a partir de um caminho aparentemente já percorrido. Um exemplo marcante é a obra *A conquista da América*, de Todorov[6]. Este autor conseguiu construir uma obra radicalmente inovadora a partir de um tema e de um problema que já haviam sido trabalhados inúmeras vezes por diversos historiadores, alguns dos quais utilizando as mesmas fontes das quais o escritor búlgaro lançou mão. A inovação, neste caso, esteve concentrada simultaneamente na abordagem teórica empregada e na metodologia utilizada, que incorporou as mais novas possibilidades de análise de discurso e de análises semióticas. A abordagem teórica, elaborando de maneira original conceitos como o de "alteridade", concedeu mais um matiz de originalidade a esta obra que é hoje uma referência fundamental nos estudos históricos sobre a conquista da América.

Daí pode ser extraída uma lição importante. Não é preciso necessariamente encontrar um tema novo, que não tenha sido abordado antes

---

6. TODOROV, T. *A conquista da América – A questão do outro*. São Paulo: Martins Fontes, 1993.

por outros pesquisadores. Vale também trabalhar um tema já antigo de maneira nova.

Uma derradeira questão, das mais importantes, é a que indaga por uma adequada *especificidade* do seu tema. O "pesquisador de primeira viagem" – marinheiro que atravessa pela primeira vez o oceano das suas possibilidades de produzir conhecimento científico – revela habitualmente a tendência a escolher temas demasiado amplos. A experiência ainda não lhe deu a oportunidade de aprender que um tema, para ser viável, deve sofrer certos recortes.

Ouçamos o que tem a dizer Umberto Eco[7] acerca desta tentação de "escrever uma tese que fale de muitas coisas" que aparece tão insistentemente entre os estudantes desavisados que iniciam suas primeiras experiências de pesquisa:

> O tema *Geologia*, por exemplo, é muito amplo. *Vulcanologia*, como ramo daquela disciplina, é também bastante abrangente. *Os Vulcões do México* poderiam ser tratados num exercício bom, porém um tanto superficial. Limitando-se ainda mais o assunto, teríamos um estudo mais valioso: *A História do Popocatepetl* (que um dos companheiros de Cortez teria escalado em 1519 e que só teve uma erupção violenta em 1702). Tema mais restrito, que diz respeito a um menor número de anos, seria *O nascimento e a morte aparente do Paricutin* (de 20 de fevereiro de 1943 a 4 de março de 1952).

Deixaremos para abordar no próximo item este aspecto, que nos forçará a uma reflexão sobre as distinções entre "campo de interesse", "assunto"*, "tema"*, "recorte temático"* e "problema"*.

## 2.4. Recortando o Tema

No seu sentido mais lato, "tema"* é um assunto qualquer que se pretende desenvolver. Quando se propõe que alguém escreva um texto escolar desenvolvendo o tema da "violência urbana", espera-se que sejam abordados ou desdobrados alguns aspectos pertinentes a este tema. Depois de apresentar ao leitor o tema que pretende desenvolver, o autor pode

---

7. Umberto ECO. *Como se faz uma Tese*. São Paulo: Perspectiva, 1995. p.8.

começar nos sucessivos parágrafos a discutir aspectos específicos e diversificados que se desdobram deste tema, como "as causas sociais da violência urbana", "as formas de prevenção ou de combate à violência urbana", "a relação entre violência urbana e criminalidade", e tantos outros.

Conforme veremos, "a violência urbana" pode ser um excelente tema para uma redação escolar, para um artigo de jornal ou mesmo para um livro de divulgação junto ao grande público, mas não é um bom tema para uma dissertação de mestrado ou para uma tese de doutorado. Espera-se, de um trabalho acadêmico de tipo monográfico, ou em modelo de tese, que o tema tenha mais especificidade. Pode-se por exemplo tomar como tema monográfico "A violência urbana no Rio de Janeiro dos anos 90", ou, mais especificamente ainda, "A interconexão entre a violência urbana e o tráfico de drogas no Rio de Janeiro dos anos 90". Ou, quem sabe, "Os discursos sobre a violência urbana nos jornais populares do Rio de Janeiro dos anos 90". Pode-se dizer que, pelo menos no sentido acadêmico, "violência urbana" é apenas um "assunto" um tanto vago, mas os temas acima propostos sim, seriam temas monográficos dotados de maior especificidade.

Uma "História da América", por exemplo, está muito longe de ser um tema. É quando muito um "campo de estudos" ou de interesses. A "Conquista da América" é mais específico, mas tampouco é ainda um tema. Na verdade é um "assunto" que pode dar posteriormente origem a um tema mais delimitado, mas para isto terá de sofrer novos recortes. Pode-se estudar por exemplo "a alteridade entre espanhóis e nativos mesoamericanos durante a conquista da América, nas primeiras décadas do século XVI". Este foi o tema escolhido por Todorov em uma de suas mais célebres obras. Nele já aparecem recortes ou dimensões mais específicos: (1) um *espaço* mais delineado que é a região central do continente americano; (2) um *recorte de tempo* que se refere às primeiras décadas do século XVI; (3) um *problema* que é o da "alteridade" (ou do "choque cultural" entre aquelas duas civilizações distintas).

Em História é fundamental que o tema de pesquisa apresente um recorte espacial e temporal muito preciso. Isto corresponde a focar um assunto ainda geral em um "campo de observação" mais circunscrito. Assim, não se estuda em uma tese de doutorado "o islamismo", embora este seja um excelente tema para um livro de divulgação visando o grande

## 2. Introdução e Delimitação do Tema

público. Pode-se começar por recortar este assunto extremamente vasto propondo-se uma pesquisa sobre o "islamismo fundamentalista no Afeganistão do final do século XX". Neste caso, já temos um recorte espacial (o Afeganistão) e um recorte temporal (final do século XX). Poder-se-ia recortar mais ainda o tema, impondo-lhe um campo problemático inicial como "as restrições à educação feminina no islamismo fundamentalista do Afeganistão do final do século XX". O "problema"* é este "recorte final" – esta questão mais específica que ilumina um tema delimitando-o de maneira singular, e que traz em si uma indagação fundamental a ser percorrida pelo historiador.

Conforme já ressaltamos anteriormente, a historiografia de hoje exige temas problematizados, sobretudo nos meios acadêmicos. Seriam bons temas para a "História-Problema" de a partir do século XX recortes como... "a alteridade entre espanhóis e nativos mesoamericanos nas primeiras décadas da conquista da América", "as restrições à educação feminina no islamismo afegão de fins do século XX", "a dessacralização do poder público durante a Revolução Francesa" (e não simplesmente "A conquista da América", "O islamismo afegão" ou "A Revolução Francesa").

Ainda mais especificamente, pode-se dizer que um "problema de pesquisa" corresponde a uma *questão* ou a uma *dificuldade* que está potencialmente inscrita dentro de um tema já delimitado (resolver esta questão ou esta dificuldade é precisamente a finalidade maior da pesquisa). O "problema" tem geralmente um sentido interrogativo. Retomando-se o tema da "Alteridade na conquista da América", poderíamos dele extrair a seguinte indagação: "O choque cultural foi vivenciado de formas distintas por conquistadores espanhóis e por conquistados meso-americanos? Ou, ainda, "qual a contribuição do choque cultural para a implementação de uma conquista espanhola da Meso-América tão rápida e com um número tão reduzido de homens?"

Dentro do tema do "islamismo afegão", poderíamos por exemplo destacar o seguinte problema em forma de indagação: "quais as funções sociopolíticas que motivaram a restrição à educação feminina no islamismo afegão do final do século XX"? Ou, ainda, "que estratégias de resistência foram desenvolvidas pelas mulheres afegãs diante das restrições à educação impostas pelo islamismo talibã no final do século XX"?

Note-se ainda que um problema não precisa estar necessariamente escrito sob a forma interrogativa. O seu sentido é que precisa ser interrogativo. Assim, se declaro que o meu problema corresponde às "funções sociopolíticas que teriam motivado a restrição à educação feminina no islamismo afegão do final do século XX", já está embutida aí uma indagação, mesmo que eu a apresente camuflada sob uma forma redacional declarativa.

A incorporação de uma problemática é fundamental para a História hoje que se escreve nos meios acadêmicos e no âmbito da prática historiográfica profissional. Qualquer gênero historiográfico – da história das civilizações à biografia – pode ser percorrido a partir de um problema.

O tema, por outro lado, não precisa ser atravessado por um problema único. Ele pode ser perpassado por um "campo de problemas" ou por uma problemática que se desdobra em duas ou três indagações mais específicas. Se proponho, sem uma maior especificação, uma tese sobre "a repressão à educação feminina no islamismo afegão do final do século XX", abro um claro espaço para alguns problemas interligados. Nenhuma repressão é gratuita. Frequentemente ela tem bases políticas, econômicas, imaginárias, religiosas ou consuetudinárias. Assim, uma primeira questão, ou um primeiro problema que se cola a este tema, refere-se precisamente às *motivações sociais* que produziram o fenômeno da repressão à educação feminina no Afeganistão. Por outro lado, nenhuma repressão existe sem gerar alguma forma de resistência. Estudar a repressão à educação feminina é indagar também pelas *formas de resistência* que as mulheres afegãs desenvolveram em relação a esta prática no período considerado. Tem-se aí um segundo problema, que pode ser examinado em contraponto ao primeiro. Outro problema implícito poderia se referir ao caráter processual deste fenômeno. Por que ele eclode no final do século XX? Qual a história deste padrão repressivo?

O tema proposto, como se vê, abre-se não só a um único problema, mas a um campo de problemas que possivelmente apresentam uma interligação a ser decifrada pelo próprio pesquisador.

## 2. Introdução e Delimitação do Tema

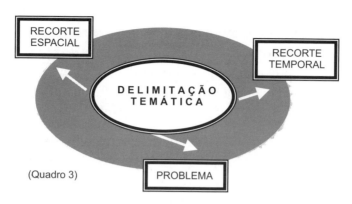

(Quadro 3)

Sintetizando o que vimos até aqui, pode-se dizer que um tema bem delimitado de pesquisa histórica deve trazer muito claramente a definição de três dimensões fundamentais: o recorte espacial, o recorte temporal e o problema (Quadro 3). Estas três dimensões devem aparecer adequadamente explicitadas no capítulo "Delimitação Temática" do Projeto de Pesquisa (ou, se este capítulo não está previsto, na própria "Introdução" do Projeto). Além de serem dimensões necessárias para delimitar mais adequadamente o tema, produzindo um verdadeiro "recorte temático", são estas dimensões que tornarão a pesquisa efetivamente viável.

Não posso estudar *todos* os países muçulmanos do final do século XX (ausência de recorte espacial mais circunscrito), nem o Afeganistão em *todas* as épocas históricas (ausência de recorte temporal), nem todos os problemas presentes no islamismo afegão do final do século XX (ausência de um problema singularizado). Cada um destes três recortes ou dimensões de recortes (espaço, tempo e problema) significa dar um passo adiante na conquista da viabilidade para a realização da pesquisa histórica proposta. Significa também um passo adiante no processo de vencer a dispersão temática e encontrar uma concentração temática bem definida. Sobre este tripé repousa um tema bem delimitado, pelo menos no que se refere aos domínios da Ciência Histórica e mais especificamente dos textos monográficos de História.

### 2.5. Recorte espácio-temporal

Uma delimitação adequada do período histórico que será examinado é, naturalmente, questão de primeira ordem para qualquer historiador. A escolha de um recorte qualquer de tempo historiográfico não deve, por outro lado, ser gratuita. É inútil escolher, por exemplo, "os dez últimos anos do Brasil Império", ou "os cem primeiros anos do Egito Antigo". A escolha de um recorte temporal historiográfico não deve corresponder a um número propositadamente redondo (dez, cem, ou mil), mas sim a um problema a ser examinado ou a uma temática que será estudada.

É o problema que define o recorte, e não qualquer coisa como uma dezena de anos escolhida a partir de critérios comemorativos. Tampouco tem sentido deixar que uma tese em História mostre-se aprisionada pelos recortes meramente governamentais. Pode ser que um recorte relativo ao "Brasil dos anos JK" não corresponda aos limites exatos do problema que se pretende examinar. O mesmo ocorre com a questão do recorte espacial. Pode ser não tenha sentido para um determinado problema histórico escolhido atrelar o seu espaço a uma determinada unidade estatal administrativa (um país, um estado, uma cidade). Uma proposição temática, conforme veremos, vaza frequentemente as molduras do tempo estatal-institucional ou dos recortes administrativos. Um tema pode muito bem atravessar dois governos politicamente diferenciados, situar-se atravessado entre duas regiões administrativas, insistir em escorregar para fora da quadratura institucional em que o historiador desejaria vê-lo encerrado.

Trata-se no entanto de uma tendência contra a qual é preciso pôr-se alerta. Por vezes, a mentalidade historiadora é levada automaticamente a fazer suas escolhas dentro dos limites governamentais-administrativos, quase que por um vício corporativo. Cedo o historiador de formação acadêmica vê-se habituado a recortar o seu objeto em consonância com imagens congeladas como a do "espaço nacional" ou do "tempo dinástico": o "Portugal durante o reinado de Dom Dinis", a "França de Luís XIV", o "Egito de Ramsés II" – pede-se ao pesquisador um problema que se encaixe dentro de limites como estes. Esta imagem de espaço-tempo duplamente limitada pelos parâmetros nacionais e pela duração de governos – talvez uma herança ou um resíduo de herança da velha História Política que dominava explicitamente o século XIX e que ainda insiste em dominar implicitamente boa parte da produção historiográfica do século XX – estende-se de resto para a História que almeja também o circuito extra-acadêmico.

## 2. Introdução e Delimitação do Tema

É sempre possível, tal como se disse, que o problema a ser investigado requeira um recorte que comece na metade de um governo e se estenda para a primeira metade do governo seguinte, ou que faça mais sentido abarcando dois países do que um único, ou ainda duas regiões pertencentes a dois países distintos. A delimitação de uma região a ser estudada pelo historiador não coincide necessariamente com um recorte administrativo ou estatal: pode ser definida por implicações culturais, antropológicas, econômicas, ou outras. Um grupo humano a ser examinado não estará necessariamente enquadrado dentro dos parâmetros de um Estado-Nação. Um padrão de mentalidade que se modifica pode corresponder a um enquadramento que abranja duas pequenas regiões pertencentes a duas realidades estatais distintas, ou corresponder a uma vasta realidade populacional que atravessa países e etnias distintas, que se interpõe entre duas faixas civilizacionais, e assim por diante.

Fica portanto este alerta. Não adianta partir do pressuposto de que os melhores recortes coincidem necessariamente com um governo, um país, uma cidade – quando muitas vezes o objeto construído desejaria romper de diversas maneiras estas muralhas artificiais que insistem em contê-lo, em aparar suas arestas e ângulos agudos, ou em mantê-lo sólido quando ele se quer fluido.

Questões similares também podem ser encontradas nas teses que tomam por objeto a obra de um determinado autor ou artista. Tem pouco valor como história problematizada a escolha de um recorte como "A obra de Machado de Assis" ou "A produção iconográfica de Jean-Baptiste Debret". Pode-se dar por exemplo que a produção destes autores passe por fases distintas, ou que intercale materiais bem diferenciados do ponto de vista de uma problematização possível. Fazer um levantamento integral da obra de Machado de Assis pode ter sentido em uma tese de literatura. Em História, um recorte que abranja fases heterogêneas só terá sentido se fizer parte do problema verificar como estas fases se relacionam a momentos político-sociais distintos, ou se fizer parte do problema comparar duas fases contrastantes de um autor na sua articulação a singularidades históricas específicas.

Do mesmo modo, a uma tese sobre "a pintura de Debret nos tempos de D. João VI" – muito vaga e dando a impressão de que se toma para objeto uma questão comemorativa mais apropriada para um catálogo – deve-se preferir algo mais problematizado, como "a representação da sociedade brasileira nas litografias de Debret (Brasil, 1816-1831)". Ao invés de tomar para objeto toda a obra plástica deste pintor francês, que aqui esteve na primeira metade do século XIX, recortou-se um problema referente à captação dos tipos sociais brasileiros pelo olhar europeu de um pintor-viajante (Debret). Também se evitou o bem-arrumado "recorte político-governamental", associado à chegada e à partida de D. João VI, e permitiu-se que o recorte traspassasse dois períodos diferenciados que se relacionam à fase do Vice-Reino e aos primeiros anos do Império (1816-1831). O problema escolhido, a "representação dos tipos sociais por um pintor francês no Brasil do século XIX", sendo da ordem cultural ou mesmo da esfera da antropologia política, não teria por que prestar contas a uma cronologia institucional ou estatal, típica da história política tradicional.

Pode-se dar também que o mais interessante seja não necessariamente se limitar a Debret, mas sim proporcionar uma comparação das estratégias de "representação social" utilizadas por este pintor francês com as estratégias utilizadas por um seu contemporâneo de origem similar, para verificar a partir daí se existem pontos em comum que habilitem a falar em um "olhar europeu" dos pintores-viajantes sobre o Brasil Colonial ou se, ao contrário, verificam-se experiências inteiramente subjetivas. Deste modo, comparar Debret e Taunay, dois pintores que estiveram no Brasil da época de D. João VI como participantes de uma mesma missão artística, pode-se constituir em um problema histórico tão ou mais interessante do que uma investigação em torno da produção restrita a um só destes pintores[8].

Os exemplos relativos a decisões sobre o recorte de tempo poderiam se estender ao infinito, uma vez que um mesmo tema pode se abrir a inúmeras problematizações possíveis, sendo que cada uma destas problematizações irá conduzir a um recorte ou outro que lhe seja mais adequado. Posto isto, pensar os limites de um recorte em termos de viabilidade para a pesquisa e de adequação ao problema é sempre a postura mais equilibrada.

---

[8]. Monike Garcia RIBEIRO. *A paisagem artística no Brasil como uma questão estratégica da memória – O olhar de dois pintores da missão artística francesa: Jean Baptiste Debret e Nicolas Antoine Taunay*. Rio de Janeiro: UNI-RIO, 1999.

## 2. Introdução e Delimitação do Tema

A mesma necessidade de problematização historiográfica poderia ser abordada com relação ao "espaço" construído pelo historiador. Deve ser um espaço problematizado, e não um espaço nacional ou comemorativo. Para dar um exemplo clássico, convém lembrar a obra-prima de Fernando Braudel – *O Mediterrâneo e o mundo mediterrânico na época de Felipe II* –, que de resto é também uma obra revolucionária no que concerne ao tratamento do tempo, já que introduz pela primeira vez a questão da articulação de durações distintas no tempo histórico trabalhado pelo pesquisador[9]. A demarcação do objeto de pesquisa nesta obra extraordinária nada deve a critérios nacionais, mas sim à construção historiográfica de uma área "econômico-social-demográfica-cultural", que Braudel chamou de "mundo mediterrâneo"[10].

O objetivo de Fernando Braudel no primeiro volume desta obra foi construir historiograficamente o mundo mediterrâneo do século XVI como uma unidade geo-histórica, embora percorrida por dualidades diversas que se referem às oposições religiosas (cristãos/muçulmanos), aos contrastes geográficos (deserto/mar; montanha/planície), sem falar na multiplicidade de realidades nacionais que se estabelecem sobre este espaço. A este recorte espacial ampliado aplica-se neste primeiro volume o "tempo longo", duração onde se tornam visíveis as permanências, os aspectos estruturais, as mudanças mais lentas que à distância oferecem a impressão de uma história quase imóvel relativamente às interações entre o homem e a natureza. Os três volumes de *O Mediterrâneo* constituem uma verdadeira revolução historiográfica no tratamento simultâneo do tempo e do espaço, e oferecem excelente exemplo das novas possibilidades de recortar o tempo histórico trazidas pela historiografia do século XX.

É verdade que, em se tratando das pesquisas de Mestrado e Doutorado nos dias de hoje – e mais especificamente ainda em nosso país –, não é possível optar por um recorte e por um projeto de pesquisa tão ambicioso como aqueles realizados por Braudel em suas três obras monumentais, todas elas divididas em três volumes ("O Mediterrâneo..."; "A

---

**9.** Fernando BRAUDEL. *O Mediterrâneo e o mundo mediterrânico na época de Felipe II*. São Paulo: Martins Fontes, 1984. 2 vol.
**10.** José Carlos REIS. *Nouvelle Histoire e Tempo Histórico*. São Paulo: Ática, 1994. p.74.

Civilização Material do Capitalismo"[11]; "A Identidade da França"[12]). Estas obras consumiram muitos e muitos anos de trabalho. "O Mediterrâneo", por exemplo, requereu duas décadas de envolvimento – já que Braudel opta pelo tema em 1923, elabora as suas grandes linhas até 1939, e aprofunda-as durante o período de seu aprisionamento em um campo de concentração nazista. "A Civilização Material" consome um período de envolvimento que vai de 1952 (data do convite de Lucien Febvre para que Braudel escrevesse um volume sobre a dimensão econômico-material da Europa pré-industrial) até 1979 (data da publicação da trilogia).

Pode-se citar um exemplo mais extremo de tese monumental com a Tese de Pierre Chaunu sobre "Sevilha e o Atlântico", que foi constituída em dez volumes e dos quais os volumes relativos à parte interpretativa possuem mais de três mil páginas. Foi possivelmente a tese mais longa já escrita. Ampla no recorte temporal (um século e meio), vasta no espaço abordado (o Atlântico), extensiva e intensiva na exploração da série documental (toda a documentação produzida pela "Casa de Contratação de Sevilha" entre 1504 e 1650)... esta tese mostra-se por fim pródiga na apresentação final de seus resultados (7 volumes descritivos e três interpretativos). O trabalho de Pierre Chaunu ficará marcado definitivamente como um clássico da historiografia monumental que se tornou possível em meados do século XX[13]. Exemplos como este, contudo, estão obviamente distanciados de nossa realidade mais direta.

---

**11.** Fernando BRAUDEL. *Civilização Material, Economia e Capitalismo*. São Paulo: Martins Fontes, 1997. 3 vol.

**12.** Fernando BRAUDEL. *L'identité de la France*. Paris: Flamarion, 1986. 3 vol.

**13.** Pierre e Huguette CHAUNU. *Séville et l'Atlantique*. Paris: SEVPEN, 1955-1956. Os primeiros seis volumes de "Sevilha e o Atlântico", escritos em colaboração com Huguette Chaunu, correspondem à "Parte Estatística", e são acrescidos de um Atlas ("Construction graphique", vol. 7, 1957). A "Parte Interpretativa", constituída por mais três volumes que foram pelos autores numerados como VIII1, VIII2 e VIII3, corresponde à Tese de Pierre Chaunu propriamente dita. Esta obra inovadora e monumental introduz na historiografia o campo da História Serial, e os sete primeiros volumes correspondem precisamente à montagem desta "série" que reconstitui o tráfico entre Sevilha e a América entre 1504 e 1650. A "Parte Interpretativa" é pioneira ainda ao introduzir na historiografia a oposição conceitual "estrutura/conjuntura". O próprio Fernando Braudel desenvolve comentários críticos à obra de Chaunu em "Para uma História Serial: Sevilha e o Atlântico (1504-1650)" (*Escritos sobre a História*. São Paulo: Perspectiva, 1978. p.125-142).

## 2. Introdução e Delimitação do Tema

Uma tese acadêmica, no Brasil, deve ser escrita em torno de dois anos e meio para o caso das pesquisas de Mestrado, e em torno de quatro anos para o caso das pesquisas de Doutorado. Além disto, o pesquisador nem sempre conta com alguma ajuda de custo, e quase sempre precisa exercer diversas atividades profissionais regulares durante a elaboração de seu trabalho. Seu tempo é literalmente dividido, e o pesquisador tem de se render resignadamente a esta constatação. Impõe-se aqui, enfaticamente, o critério da viabilidade, que deve interagir dialeticamente com os interesses do pesquisador e da Instituição. Os projetos mais ambiciosos devem ceder lugar às propostas mais exequíveis, e é preciso neste momento lidar com a perda: abandonar (ou adiar) a utopia do conhecimento que desejaríamos produzir em favor da concretude do conhecimento que pode ser efetivamente produzido. Os recortes, agora menos por razões científicas do que por razões práticas, novamente se impõem...

### 2.6. Recorte serial e "recorte na fonte"

Outro tipo de recorte possível para os historiadores de hoje é o "recorte serial". Recorta-se o objeto não propriamente em função de uma determinada realidade histórico-social concernente a uma delimitação espácio-temporal preestabelecida, mas mais precisamente em função de uma determinada série de fontes ou de materiais que é constituída precisamente pelo historiador. Este tipo de caminho historiográfico começou a emergir a partir de meados do século XX, tendo como marco a já mencionada obra de Pierre Chaunu sobre *Sevilha e o Atlântico*.

Na chamada "História Serial" o historiador estabelece uma "série", e é esta série que particularmente o interessa. François Furet, em seu *Atelier do Historiador*[14], define a História Serial em termos da constituição do fato histórico em séries homogêneas e comparáveis. Dito de outra forma, trata-se de "serializar" o fato histórico, para medi-lo em sua repetição e variação através de um período que muitas vezes é o da longa duração. Na verdade a duração longa, ou pelo menos a média duração (relativa às conjunturas), foram as que predominaram nos primeiros trabalhos de História Serial – muito voltados nesta primeira época para

---

14. François FURET. *A Oficina da História*. Lisboa: Gradiva, 1991. v. I.

a História Econômica e para a História Demográfica e combinados com a perspectiva de uma História Quantitativa. Mas, na verdade, pode-se proceder a uma serialização relacionada também a um período relativamente curto, desde que o conjunto documental estabelecido seja suficientemente denso[15].

De certo modo, as possibilidades de tratamento serial permitiram uma sensível ampliação de alternativas em termos de recorte historiográfico, uma vez que as séries singulares a serem construídas por cada historiador já não se enquadrariam nas periodizações tradicionalmente preestabelecidas. Criar uma série é, em certa medida, recriar o tempo – assumi-lo como "tempo construído", e não como "tempo vivido" a ser reconstituído.

Por outro lado, optar pelo caminho serial pressupõe necessariamente escolher ou construir um problema condutor muito específico – problema este que é fator fundamental na constituição da própria série. A História Serial veio assim diretamente ao encontro de uma História-Problema, como as demais modalidades historiográficas que passaram a predominar na historiografia profissional do século XX.

Com relação a este aspecto, e em se tratando de uma série documental homogênea, não teria sentido examinar esta série evasivamente, de modo meramente impressionista. A História Serial constitui-se necessariamente de uma leitura da realidade social através da série que foi construída pelo historiador em função de um certo problema*. Não se trata, assim, de optar inicialmente pelo estudo de uma determinada sociedade para só depois buscar as fontes que permitirão este estudo ou o acesso a esta sociedade, como poderia se dar em outros caminhos historiográficos. O que o historiador serial estuda é precisamente *a série*: este é basicamente o seu recorte e a essência de seu objeto. E pode-se compreender como uma "série" tanto os fatos repetitivos que permitem ser avaliados comparativamente como uma determinada documentação homogênea.

---

[15]. Sobre as possibilidades de utilização de técnicas seriais e quantificação para estudos de Micro-História, veja-se Carlo GIZBURG, "O nome e o como: troca desigual e mercado historiográfico". In *A Micro-História e outros ensaios*. Lisboa: Difel, 1991. p.169-178.

## 2. Introdução e Delimitação do Tema

No primeiro sentido, François Furet fala em termos de uma serialização de fatos históricos que trazem entre si um padrão de repetitividade (fatos históricos que serão obviamente de um novo tipo, não mais se reduzindo aos acontecimentos políticos). No segundo sentido, ao examinar os novos paradigmas historiográficos surgidos no século XX, Michel Foucault assinala que "a história serial define seu objeto a partir de um conjunto de documentos dos quais ela dispõe"[16]. Isto abre naturalmente um grande leque de novas possibilidades:

> Assim, talvez pela primeira vez, há a possibilidade de analisar como objeto um conjunto de materiais que foram depositados no decorrer dos tempos sob a forma de signos, de traços, de instituições, de práticas, de obras, etc.[17]

Portanto, em que pese que fontes administrativas, estatísticas, testamentárias, policiais e cartoriais se prestem admiravelmente a um trabalho de História Serial, é possível também constituir em série documentação literária, iconográfica, ou mesmo práticas perceptíveis a partir de fontes orais. É mesmo possível constituir séries às quais não se pretenda necessariamente aplicar um tratamento quantitativo propriamente dito, mas sim uma abordagem mais tendente ao qualitativo – interessada ainda em perceber tendências, repetições, variações, padrões recorrentes e em discutir o documento integrado em uma série mais ampla, mas sem tomar como abordagem principal a referência numérica.

Uma das obras de Gilberto Freyre, por exemplo, constitui como série documental para o estudo da Escravidão no Nordeste os anúncios presentes em jornais da época – onde os grandes senhores anunciavam a fuga de escravos fornecendo descrições detalhadas dos mesmos, inclusive sinais corporais que falavam eloquentemente das práticas inerentes à dominação escravocrata[18]. Não é propriamente o escravo que é o seu objeto, mas "o escravo nos anúncios de jornal", como o próprio título indica. Ou seja, busca-se recuperar um discurso sobre o escravo a partir de uma

---

[16]. Michel FOUCAULT. "Retornar à História". In *Arqueologia das Ciências e História dos Sistemas de Pensamento*. Rio de Janeiro: Forense Universitária, 2000. p.62-77. p.290.

[17]. Michel FOUCAULT. "Sobre as maneiras de escrever a História". In *Arqueologia das Ciências e História dos Sistemas de Pensamento*. p.64.

[18]. Gilberto FREYRE. *O Escravo nos anúncios de jornais brasileiros do século XIX*. São Paulo: Brasiliana, 1988.

série que coincide com os periódicos examinados pelo autor; procura-se dentro desta série perceber uma recorrência de padrões de representação, mas também as singularidades e variações, e por trás destes padrões de representação os padrões de relações sociais que os geraram.

Quantitativos ou qualitativos, os caminhos historiográficos marcados pela ultrapassagem do documento isolado passaram a se integrar definitivamente ao repertório de possibilidades disponíveis para o historiador. Interessa-nos dar a perceber aqui que o recorte documental mostra-se como uma outra possibilidade para o historiador delimitar o seu tema. Definido este recorte, surgirá então uma delimitação temporal específica, que será válida para aquele recorte problemático e documental na sua singularidade, e não para outros. Dito de outra forma, em alguns destes casos é uma documentação que impõe um recorte de tempo, a partir dos seus próprios limites e das aberturas metodológicas que ela oferece.

Será bastante buscar uma exemplificação final com o próprio estudo pioneiro de Pierre Chaunu. O recorte de sua tese, estabelecido entre 1504 e 1650, é criado a partir de uma primeira data em que a documentação da "Casa de Contratação de Sevilha" lhe permite uma construção estatística, e extingue-se no marco de uma segunda data quando a documentação já não permite uma avaliação quantitativa dos fatos (precisamente uma data relativa ao momento em que o comércio atlântico deixa de trazer a marca do predomínio espanhol e em que, consequentemente, a documentação de Sevilha se dilui como definidora de uma totalidade atlântica). O recorte documental problematizado, enfim, organizou o tempo do historiador.

O recorte serial é em boa parte dos casos um "recorte na fonte". Mas existem, para além disto, outras possibilidades de recortar o tema de acordo com a fonte. Pode ser que o historiador pretenda examinar uma obra singularizada – ou para identificar o pensamento de um autor, ou para analisar a sua inserção nos limites da época – como se faz muito habitualmente nos campos da História das Ideias e da História Social das Ideias. Pode ser que o interesse seja examinar uma determinada produção cultural, e que uma crônica, um cancioneiro ou uma sequência iconográfica surjam como objetos de interesse de uma História Cultural ou de uma História Social da Cultura. Um mito ou um conjunto de mitos pode se constituir simultaneamente nas fontes e objetos de um trabalho de Antropologia Histórica. As possibilidades de empreender "recortes na fonte", conforme se vê, são inúmeras.

## 2.7. Articulando recortes

Retornemos à questão do "recorte temporal". Nem sempre o tempo historiográfico pode ser conduzido linearmente ao longo de uma narrativa, análise ou descrição histórica. Desde Fernando Braudel, coloca-se inclusive a possibilidade de que o historiador estabeleça em seu trabalho uma "dialética de durações". Braudel, tanto no "Mediterrâneo" como na "Civilização Material", articulou três durações distintas em sua análise: a longa duração, a média duração e a curta duração – referindo estas durações às estruturas, conjunturas e aos eventos propriamente ditos. Uma análise desta riquíssima possibilidade de tratamento do tempo historiográfico ultrapassaria certamente as possibilidades da presente obra. Contudo queremos lembrar, a partir deste exemplo e de outras situações, que um determinado objeto de estudo pode requerer um tratamento complexo do tempo, gerando dificuldades adicionais para a explicitação do recorte temporal no Projeto.

Digamos por exemplo que o pesquisador pretende investigar o envolvimento da Igreja com a questão social da terra em um episódio específico da História do Brasil, ou, mais especificamente ainda, em um certo assentamento bem delimitado espacialmente e temporalmente. Pode ser que seja de interesse do pesquisador escrever um grande capítulo contextual que situará o seu episódio mais específico em um processo de duração mais longa, que estaria referido às formas como, no Brasil, os setores mais progressistas da Igreja se integraram aos movimentos sociais dos trabalhadores rurais. Depois, um segundo capítulo estaria mais especificamente voltado para o objeto de estudo: um processo singular, envolvendo um assentamento específico e uma configuração política particular, em torno de atores políticos e grupos sociais especificamente definidos. A título de exemplo, digamos que o período estudado seja, neste caso, uma determinada faixa de tempo contida na fase política da Ditadura Militar.

O contexto do primeiro capítulo, por outro lado, estaria referido a um recorte de longa ou média duração que atravessaria vários períodos da

História do Brasil, e a sua função seria precisamente a de permitir a inscrição do processo de curta duração marcado pelos acontecimentos políticos em um processo social e institucional de duração mais ampla. Pergunta-se que recorte deverá ser explicitado no Projeto de Pesquisa. O recorte relativo ao tema mais específico? Ou o recorte implicado pela perspectiva mais ampla de longa duração, mesmo que esta esteja ali apenas para permitir uma visualização mais plena do problema a ser examinado?

A princípio, deve-se dizer que é mais lógico apontar como recorte historiográfico da Pesquisa aquele que se refere ao objeto específico, tomado na sua singularidade mais definida. Para o caso exemplificado, seria mais adequado mencionar o recorte que se inscreve no período da Ditadura Militar. É este recorte que deve aparecer no título do Projeto de maneira muito clara.

Isto não impede, por outro lado, que o pesquisador antecipe no Projeto a sua intenção de examinar em um capítulo inicial um contexto bem mais amplo, relacionado a uma duração de ritmo mais longo e a um recorte de maior extensão. Vale explicitar, neste caso, também este recorte – mas apenas no capítulo relativo à "Delimitação Temática" (não teria sentido mencionar este recorte mais amplo no título, pois daria uma falsa ideia de que o trabalho pretende recuperar intensivamente a atuação da Igreja em vários períodos da História do Brasil).

Outro tipo de ambiguidade ocorre quando a documentação examinada inscreve-se em uma determinada faixa de tempo, mas refere-se a acontecimentos inscritos em uma *outra* faixa de tempo. Pretende-se estudar a Revolução de Avis (1383-1384) a partir da *Crônica de Dom João I* do cronista português Fernão López (c.1378-c.1460), que a escreveu algumas décadas depois dos eventos que se propôs a narrar[19]. Que recorte explicitar no Projeto de Pesquisa? O das fontes, ou o dos eventos? A resposta a esta pergunta estará, como sempre, no "problema" a ser abordado. Pretende-se estudar a Revolução de Avis propriamente dita, como processo político, ou pretende-se estudar um discurso posterior que se estabeleceu sobre a Revolução de Avis? Em outras palavras, o objetivo

---

19. Fernão LÓPEZ. *Crônica de el-Rei D. João*. Lisboa: Imprensa Nacional/Casa da Moeda, 1973.

## 2. Introdução e Delimitação do Tema

é estudar um movimento social em si mesmo, a recepção deste movimento social ou a representação deste movimento social? Se for o caso, é preciso reconhecer que será mais adequado situar o recorte temporal em relação às fontes (ou à época de Fernão López). Se, por outro lado, declaro como objeto de estudo os próprios acontecimentos que ficaram conhecidos como "Revolução de Avis", então o recorte temporal deverá se referir aos limites cronológicos deste processo.

O mesmo raciocínio pode ser estendido a inúmeros outros objetos: pretendo investigar a *Guerra do Peloponeso*, ou a visão que o historiador Tucídides (460-400 a.C.) desenvolveu a respeito desta guerra?[20] Meu objetivo é reconstruir através da História Oral os horrores dos campos de concentração nazistas, ou decifrar a memória dos horrores nazistas que foi construída de forma complexa pelas vítimas que irei entrevistar? Em um caso e outro, estarei predominantemente tomando as fontes como testemunhos ou como discursos? A Guerra, o impacto da Guerra sobre os seus contemporâneos, a representação da Guerra, os discursos sobre a Guerra... como recortar meu objeto por dentro do objeto? E como deixar mais claras para o meu leitor estas complexidades?

Casos como estes podem exigir que se explicite já no capítulo "Delimitação Temática" tanto o recorte das fontes examinadas como o recorte relativo ao período a que se referem as fontes. Em qualquer caso, o pesquisador deve se guiar pelo bom senso. Não existe uma regra a ser seguida. O que é fundamental, em última instância, é que o historiador tenha bem claro para si qual é o seu verdadeiro objeto, e também se o seu objeto é de uma natureza complexa que mereça ser melhor explicada. Desta reflexão sincera dependerá a articulação de recortes a ser trabalhada na Pesquisa, com a consequente explicitação prévia no Projeto que a ela se refere.

---

**20.** A Guerra do Peloponeso foi um conflito de duração relativamente longa entre atenienses e espartanos (431 e 404 a.C.). Exilado de Atenas a partir de 424 a.C., por ter falhado em uma missão militar, o historiador ateniense escreveu a sua obra no exílio (TUCÍDIDES. *História da Guerra do Peloponeso*. Brasília: Editora UNB, 1985).

# 3
# REVISÃO BIBLIOGRÁFICA

## 3.1. Por que elaborar uma Revisão Bibliográfica?

Muitos autores abrem nos seus projetos um capítulo especial para a "Revisão Bibliográfica". Outros incluem esta revisão no capítulo "Quadro Teórico". Há ainda quem inicie o seu Projeto com uma Introdução que apresenta uma espécie de revisão da bibliografia existente para depois justificar o seu Projeto em termos do preenchimento de uma lacuna qualquer evidenciada por esta revisão da bibliografia existente sobre o tema.

Na verdade, como temos insistido em ressaltar, existem muitas alternativas formais possíveis a um Projeto de Pesquisa. A realização de uma Revisão Bibliográfica dentro deste Projeto pode ocorrer de muitas maneiras – o importante é que ela *efetivamente se realize*. Isto por algumas razões que devem ficar bem compreendidas. Ninguém inicia uma reflexão científica ou acadêmica a partir do ponto zero. O mais comum é iniciar qualquer trabalho ou esforço de reflexão científica a partir de conquistas ou questionamentos que já foram levantados em trabalhos anteriores. Mesmo que para criticá-los.

Partir do pressuposto de que você foi o primeiro e único que se propôs a iniciar uma caminhada de reflexão através de determinado tema seria ou prepotência ou ingenuidade. De fato, sempre que um pesquisador estiver definindo um tema, deve procurar realizar um levantamento exploratório da bibliografia já existente. Pode até se dar que o seu recorte temático seja efetivamente original ou em certa medida pioneiro, mas sempre existirão recortes aproximados percorridos por autores anteriores que merecerão ser considerados para um posicionamento perante o problema.

Neste sentido, a ideia de uma Revisão Bibliográfica é enunciar alguns dos "interlocutores" com os quais você travará o seu diálogo historiográfico e científico. Estes interlocutores constituirão parte da riqueza de seu trabalho, e não convém negligenciá-los.

Por outro lado, proceder a uma cuidadosa revisão da literatura já existente é evitar o constrangimento de repetir sem querer propostas já realizadas ou de acrescentar muito pouco ao conhecimento científico. A revisão da literatura já existente sobre determinado assunto poderá contribuir precisamente para apontar lacunas que o pesquisador poderá percorrer de maneira inovadora, além de funcionar como fonte de inspiração para o delineamento de um recorte temático original. Ao se elaborar esta revisão da literatura a partir de um espírito crítico poderão surgir ainda retificações, contestações, recolocações do problema. A Revisão Bibliográfica, enfim, contribui para aperfeiçoar uma proposta temática inicial.

## 3.2. Que livros incluir na Revisão Bibliográfica?

A tarefa da Revisão Bibliográfica não é *listar* todos os livros que forem importantes para o seu tema (isto poderá ser feito no final do Projeto de Pesquisa, em um item chamado "Bibliografia" ou "Referências Bibliográficas"). O que se pede na Revisão Bibliográfica são *comentários críticos* sobre alguns itens da bibliografia existente que você considera particularmente importantes, seja para neles se apoiar, seja para criticá-los.

Também não é possível comentar *todos* os livros que serão importantes para o seu trabalho, uma vez que isto consumiria muitas e muitas páginas do seu texto, produzindo com isto uma dispersão em relação aos verdadeiros objetivos de síntese que devem pontuar um Projeto de Pesquisa. As obras a serem discutidas na Revisão Bibliográfica devem ser reduzidas prudentemente às mais valiosas para a investigação e para a colocação do problema. Em última instância, trata-se apenas de pontuar o seu posicionamento em relação ao atual estado da questão a ser estudada, além de mostrar que você está perfeitamente a par da bibliografia já existente.

Neste sentido, vale lembrar que, ao mostrar em seu Projeto uma revisão bibliográfica satisfatória, o pesquisador estará apresentando uma espécie de "cartão de visitas" pronto a atestar simultaneamente a seriedade de seu trabalho e um nível adequado de conhecimento para o tipo de trabalho que pretende realizar.

Na Revisão Bibliográfica devem aparecer tanto obras que apoiem o caminho proposto pelo pesquisador, funcionando como uma base a partir da qual ele se erguerá para enxergar mais longe, como também obras às quais o pesquisador pretende se contrapor. Pode-se dizer que, com a elaboração da Revisão Bibliográfica, o pesquisador busca apoios e contrastes. Note-se, ainda, que é possível haver concordância com algumas das proposições de uma obra e discordância em relação a outras proposições desta mesma obra. A Revisão Bibliográfica, em última instância, é um exercício de crítica. Através dela, o autor busca seus interlocutores.

A escolha de obras que deverão figurar em uma Revisão Bibliográfica acerca de determinado tema é desde já uma questão de bom senso. Se convém mencionar obras que já se tornaram clássicas, é importante também mencionar obras novas e atualizadas. Este último particular irá atestar, adicionalmente, que o pesquisador está perfeitamente a par dos últimos trabalhos que foram produzidos em torno da sua temática. Mostrar uma atualização em relação à literatura pertinente ao seu objeto é, além de uma obrigação, uma necessidade vital para o pesquisador que ambiciona produzir um trabalho sério.

Um tipo de texto publicado que não deve ser esquecido na Revisão Bibliográfica (e também na listagem bibliográfica ao final do Projeto) são os artigos de periódicos especializados. Entende-se por "periódicos" as publicações que reaparecem após certo lapso de tempo[21]. Normalmente estas publicações ocorrem a intervalos regulares. Neste sentido, e também conforme o conteúdo por elas encaminhado, existem diversos tipos de periódicos, desde os "magazines" até os jornais da imprensa diária[22]. Mas os tipos de periódicos que interessam mais particularmente a um pesquisador ou estudioso de qualquer área são as "revistas especia-

---

21. Miriam Lifchitz Moreira LEITE. "O Periódico: variedade e transformação". *Anais do Museu Paulista*. São Paulo, USP, 28: 137-151, 1977. p.78.

22. O "Magazine", por exemplo, é uma alternativa de revista que traz uma ênfase nas fotos e ilustrações, e que abre espaço para a publicidade de bens de consumo. Neste sentido, potencializa as características comerciais do gênero "revista" (Ana Luíza MARTINS. *Revistas em Revista*. São Paulo: EDUSP, 2001. p.42). Já o "jornal" comum é uma publicação cujo principal objetivo é informar, embora também contenha espaço para os classificados e, em algumas colunas, para a reflexão crítica.

## 3. Revisão Bibliográfica

lizadas", os "jornais" também especializados, e ainda os boletins de instituições de pesquisa e anais de congressos que ocorrem regularmente.

De um modo geral, pode ser feita uma distinção fundamental entre os dois principais gêneros de periódicos (o "jornal" e a "revista"). "O jornal, de informação mais imediata, teria se encaminhado historicamente para a veiculação diária; já a revista, de elaboração mais cuidada e aprofundando temas, teria se encaminhado para a periodização semanal, quinzenal, mensal, trimestral ou semestral, por vezes anual"[23]. Mas é verdade que, em se tratando de "jornais especializados", esta distinção em termos de periodicidade de publicação ou de aprofundamento de conteúdo tende a se diluir, uma vez que existem jornais especializados que têm periodicidade semanal e mesmo mensal, e que há outros, sobretudo nos meios acadêmicos e eruditos, que apresentam tanta profundidade de conteúdo nos seus artigos como as revistas especializadas de sua área.

Nestes casos, o que vai distinguir um jornal de uma revista é mais uma questão de formato editorial ou de suporte de publicação. O jornal, assumindo um formato em cadernos com uma diagramação em colunas, e preferindo um tipo de papel menos sofisticado, tende a ser mais rapidamente descartável do que a revista (mas este não é certamente o caso dos jornais especializados de tipo acadêmico, que contêm artigos que os pesquisadores costumam guardar). A "revista", editada em modelo de encadernação similar ao do livro e produzida em papel de qualidade, costuma ser conservada por mais tempo (e certamente por muito mais tempo nos casos das revistas especializadas de conteúdo acadêmico)[24].

Para o caso de estudos eruditos, e particularmente no caso de uma Revisão Bibliográfica direcionada a trabalhos acadêmicos, o que interessa são os periódicos especializados (sejam jornais ou revistas) de conteúdo mais direcionado para o estudo acadêmico ou erudito. Existem,

---

23. Ana Luíza MARTINS. p.40.

24. Vale considerar ainda a definição de Clara ROCHA: "Uma revista é uma publicação que, como o nome sugere, passa em revista diversos assuntos, o que [...] permite um tipo de leitura fragmentada, não contínua, e por vezes seletiva" (Clara ROCHA. *Revistas Literárias do século XX em Portugal*. Lisboa: Imprensa Nacional, 1985. p.33. Citada por Ana Luíza Martins, *op.cit*, p.45).

para o caso da História e das Ciências Sociais, diversas revistas especializadas em historiografia, sociologia, antropologia, filosofia, e tantas outras disciplinas afins.

Entre as revistas historiográficas internacionalmente famosas está a chamada "Revista dos Annales" – que tem reunido textos de historiadores franceses desde a época de Marc Bloch e Lucien Febvre até os dias de hoje – a "Past and Present" dos historiadores ingleses, e também os "Quaderni Storici", que têm se constituído em um espaço privilegiado para os artigos dos micro-historiadores italianos. Como se vê, não raro ocorre que uma determinada revista seja o órgão de comunicação de um grupo de autores e pesquisadores com características em comum, como foi o caso da "Revista de Pesquisa Social", que a partir dos anos 1930 foi o veículo da famosa Escola de Frankfurt*. Pode-se dar também que a revista seja uma publicação institucional, ligada a uma Universidade ou a um Instituto de Pesquisa, neste caso abarcando no seu interior tendências as mais diversas. No Brasil, apenas para dar alguns exemplos, temos a revista *Tempo e História* (UFF), a *Revista USP* (USP, São Paulo), a *Revista do Instituto Histórico e Geográfico Brasileiro* (IHGB), a *Revista Brasileira de História* (ANPUH, São Paulo), a *História Social* (UNICAMP), entre outras excelentes publicações especializadas.

Naturalmente que, em uma Revisão Bibliográfica, o que o autor de um projeto vai citar e comentar não são as revistas e jornais especializados propriamente ditos. O que ele vai registrar criticamente são os artigos específicos dentro destas revistas que interessam particularmente ao seu tema, que neste caso deverão ser selecionados com critério e pertinência.

Vale ainda lembrar que, em diversas ocasiões, os artigos importantes de um certo autor que foram publicados nas revistas especializadas mais reconhecidas acabam por ser editados posteriormente em coletânea, vindo a se constituir em livro. O que importa, naturalmente, não é o tipo de suporte, mas o conteúdo (o mesmo artigo pode aparecer em revistas e em livros). Mas é claro que há um lapso de tempo entre a data da publicação original de um artigo na revista especializada e a sua posterior incorporação a uma coletânea em livro. Para o caso das discussões mais recentes, o pesquisador não poderá esperar obviamente por estas edições.

## 3. Revisão Bibliográfica

A presença de periódicos, incluindo os mais recentes, é importante porque indica que o pesquisador está alerta para as questões que estão sendo discutidas na sua área e em torno da sua temática. Embora uma bibliografia alicerçada em bons livros seja fundamental, é preciso também estar atento para o fato de que as grandes polêmicas do momento e as últimas descobertas não chegam aos livros com a mesma velocidade com que chegam aos periódicos especializados, cuja função principal é precisamente a de dar uma continuidade a um processo de atualização mais imediato do conhecimento, ou "passar em revista" todo um saber que está sendo construído em determinado campo disciplinar.

Em síntese, as razões para o caráter imprescindível da consulta de periódicos durante a elaboração de uma revista são bastante evidentes. Em primeiro lugar, conforme já foi ressaltado, um bom livro custa a ser elaborado por um autor consciente, não contando com a mesma rapidez com que são produzidos os artigos em revistas e jornais. Além disto, quando o livro torna-se um clássico na sua área, ou uma obra de reconhecido valor, é verdade que ele se beneficiará provavelmente de sucessivas edições, tendo se tornado uma espécie de patrimônio da comunidade científica. Mas por outro lado este conhecimento terá os seus limites de conteúdo associados à data da primeira edição da obra, a não ser que o autor se empenhe em reescrever edições atualizadas – o que nem sempre será possível face ao jogo do mercado editorial e face à própria carga de atribuições do autor que, provavelmente, também estará ocupado em produzir obras inteiramente novas.

A rede de artigos produzidos em periódicos, ao contrário disto, representa uma atualização de conhecimento permanente e a intervalos bem mais curtos. Em uma rede de artigos produzidos sobre determinada temática podemos captar precisamente o debate que se estabelece entre os vários autores, pois frequentemente os artigos inseridos nos periódicos especializados possuem um alto teor de crítica em relação às obras já consolidadas e também em relação aos outros artigos que vão sendo produzidos. Manter-se a par dos debates que se inserem nos periódicos é manter-se inserido em um intercâmbio dinâmico de ideias.

Vale a pena também dispensar uma atenção aos periódicos já antigos, pois eles trazem um retrato das grandes polêmicas que foram estabelecidas no passado, e que mais tarde ganharam as páginas dos livros para serem mais desenvolvidas. Recuperar uma rede de artigos especializados é recuperar a dinâmica vital de uma elaboração teórica, de uma contínua reapropriação de descobertas empíricas, e é tomar consciência dos próprios "lugares de produção" que organizaram primordialmente estas elaborações teóricas e reapropriações empíricas.

Apenas para trazer um exemplo, o desenvolvimento do conceito de "modo de produção escravista colonial", tão importante para aprofundar uma reflexão crítica sobre o sistema escravista no Brasil, beneficiou-se de acurado debate durante a década de 1980 nos congressos de História e em algumas das mais significativas revistas historiográficas brasileiras. Assim, o número XIII da revista *Estudos Econômicos*, publicada em São Paulo no ano de 1983, conta com artigos de alguns dos principais formuladores deste conceito e de seus críticos[25] (entre outros, os artigos de Jacob Gorender, Ciro Cardoso e Roberto Borges Martins). É verdade que, posteriormente, surgiram livros que resumem esta polêmica e sumariam as várias perspectivas em torno daquela discussão teórica. O livro *Escravidão e Abolição no Brasil*, organizado por Ciro Flamarion Cardoso, é um exemplo, particularmente o balanço crítico realizado no capítulo I[26]. Mas nada como recuperar a própria dinâmica deste debate, reconstituindo a sua intertextualidade.

Por todas as razões antes indicadas, os periódicos especializados representam uma discussão de ponta que não pode ser negligenciada pelo pesquisador. Com relação à seleção do que comentar criticamente em termos de periódicos, vale o que já foi dito sobre os livros: não é possível comentar criticamente, ou mesmo mencionar *todos* em uma "Revisão Bibliográfica" de Projeto de Pesquisa. Haverá um espaço, no capítulo do Projeto referente à listagem bibliográfica, para o registro de todos os artigos importantes. Mas aqui se trata apenas de integrar criticamente alguns itens indispensáveis para situar o estado atual da questão que será

---

[25]. Ciro Flamarion CARDOSO. "Escravismo e Dinâmica da população escrava nas Américas"; Jacob GORENDER. "Questionamentos sobre a teoria econômica do escravismo colonial"; Roberto Borges MARTINS. "Minas Gerais, século XIX: tráfico e apego à escravidão numa economia não-exportadora". In *Estudos Econômicos*, XIII, n° 1, 1983. p.45-46, 7-39 e 181-209.

[26]. Ciro F. CARDOSO. "Novas perspectivas acerca da escravidão no Brasil". In *Escravidão e Abolição no Brasil*. Rio de Janeiro: Jorge Zahar, 1988. p.16-71.

examinada. Comenta-se aquilo que é fundamental para o trabalho, seja como apoio ou como contraste.

Para além dos periódicos, outro setor de ponta em termos de conhecimento atualizado é constituído pelas dissertações e teses. Muitas delas não foram publicadas, ou então encontraram edição mais resumida depois de sua defesa, mas certamente todas poderão ser buscadas nas bibliotecas das suas universidades de origem. Estabelecer um diálogo com as teses que se desenvolveram em torno de temáticas afins com o trabalho que se pretende realizar é não apenas trazer novos elementos para o debate, mas potencializar a intertextualidade que será construída pelo pesquisador com a incorporação das "revisões bibliográficas" que cada uma destas teses já traz consigo. É, acima de tudo, inscrever o trabalho em uma teia que se atualiza ininterruptamente.

## 3.3. Como organizar a Revisão Bibliográfica?

Com relação ao modo de organizar uma Revisão Bibliográfica de maneira a assegurar coerência e lógica, pode-se subdividi-la em itens relativos aos aspectos ou tipos de obras comentadas. Esta subdivisão em itens, por outro lado, pode ser apenas implícita – isto é, não pontuada necessariamente por subtítulos –, correspondendo a uma sequência lógica de blocos de parágrafos conforme os assuntos que vão sendo discutidos.

Digamos, por exemplo, que o tema de investigação refere-se à "Repressão à Educação Feminina no Islamismo Afegão do final do século XX". De um tema como este já se destacam automaticamente algumas coordenadas que podem suscitar sucessivos itens para uma revisão bibliográfica. Posso começar discutindo obras que abordaram aspectos relacionados à "repressão à educação feminina" de uma maneira geral. Em seguida, posso discutir a produção científica que já existe sobre o "islamismo no século XX", para depois apresentar criticamente obras sobre o Afeganistão de suas últimas décadas. Finalmente, unindo os vários feixes antes propostos, poderei discutir as obras eventualmente existentes sobre Repressão à Educação Feminina no Islamismo Afegão. Caso não existam obras com esta especificidade, valerá apontar aí uma lacuna, que será precisamente preenchida pela Pesquisa proposta.

Naturalmente que a organização acima proposta é apenas uma das muitas alternativas que seriam possíveis para uma Revisão Bibliográfica relacionada ao tema proposto. Seria possível começar com as obras já existentes sobre o Afeganistão, partir daí para discutir a literatura já existente sobre a experiência islâmica neste país, enfocar em seguida a radicalização fundamentalista que culminou com o governo talibã, para finalmente examinar os seus efeitos sobre a educação das mulheres afegãs.

Conforme se pode ver, não existe uma única maneira correta de apresentar a bibliografia já existente sobre determinado tema – uma vez que todo tema incorpora habitualmente várias coordenadas que poderão ser discutidas na ordem que o pesquisador escolher, e com ênfases diferenciadas conforme a orientação que pretende imprimir à Pesquisa. Pode ser que ele dê menor ou maior importância a determinada coordenada, concedendo-lhe menos ou mais espaço de discussão na sua Revisão Bibliográfica. Isto sempre será uma decisão do autor. Rigorosamente, os caminhos percorridos para a realização de uma revisão crítica da literatura existente são escolhas do pesquisador, bem como a sua dosagem. O importante é que ele sinta que a literatura relacionada ao seu tema foi discutida nos seus principais aspectos.

Pode-se optar ainda por outras formas de organização da Revisão Bibliográfica que não sejam necessariamente aquelas que ordenam por assuntos ou subtemáticas, conforme foi explicitado acima. É possível, por exemplo, construir um balanço historiado de uma questão, mostrando como ela vem sendo tratada a partir de momentos anteriores da historiografia ou da literatura existente até chegar ao presente do próprio pesquisador, quando então ele irá comentar as polêmicas mais atuais. Esta alternativa pelo balanço do desenvolvimento histórico da questão tem a vantagem de mostrar que as teorias e polêmicas atuais são resultados de teorias e polêmicas anteriores, com as quais estão em relação de desenvolvimento ou de ruptura.

É possível ainda juntar as duas alternativas antes citadas ("organização por subtemáticas" e "balanço historiado da questão"). Procede-se neste caso a uma divisão mais ampla por subtemáticas, agrupando livros e artigos afins nos vários conjuntos separados de parágrafos (pode ser oportuno separar entre si estes blocos de comentários através de sinais como os "asteriscos"). Mas dentro de cada grupo busca-se organizar a

## 3. Revisão Bibliográfica

questão sob a forma de balanço historiado, comentando itens mais antigos antes dos mais recentes e revelando aí um processo de continuidades e rupturas.

Por exemplo, retomando o exemplo anterior sobre "a repressão à educação feminina no islamismo afegão do final do século XX", posso dedicar um bloco de parágrafos para discutir obras que têm abordado a "repressão à educação feminina" de uma maneira geral, e um outro para discutir obras sobre o "Islamismo no século XX". Mas dentro de cada um destes blocos posso estabelecer uma discussão historiada, comentando inicialmente as obras e perspectivas mais antigas até chegar às obras e perspectivas mais recentes.

Existem ainda muitas outras formas de dar uma organização lógica e coerente à Revisão Bibliográfica. Agrupamento por "âmbitos teóricos" (primeiro comentar as obras marxistas que trataram a questão, depois as estruturalistas, e assim por diante); "agrupamentos por afinidade no tratamento do tema" (independente da filiação teórica); ou mesmo estabelecer uma divisão por gêneros bibliográficos, primeiro mencionando os livros propriamente ditos e depois os periódicos. Estas e muitas outras maneiras de organizar a "Revisão Bibliográfica" são igualmente válidas. O que importa é estabelecer um padrão de organização interna, e não simplesmente ir registrando comentários sobre livros diversos à medida que eles aparecem na cabeça do autor.

### 3.4. Distinção entre Bibliografia e Fontes

Compreendidas as alternativas de organização para este capítulo, é preciso ainda chamar atenção para uma confusão que frequentemente aparece na "Revisão Bibliográfica" de alguns projetos de História. Deve-se ter sempre em mente a distinção entre "fontes" e "bibliografia" propriamente dita.

A fonte histórica é aquilo que coloca o historiador diretamente em contato com o seu problema. Ela é precisamente o material através do qual o historiador examina ou analisa uma sociedade humana no tempo. Uma fonte pode preencher uma destas duas funções: ou ela é o meio de acesso àqueles fatos históricos que o historiador deverá reconstruir e interpretar (fonte histórica = fonte de informações sobre o passado), ou ela mesma... é o próprio fato histórico. Vale dizer, neste último caso considera-se que o texto que se está tomando naquele momento como fonte é já aquilo que deve ser analisado, enquanto discurso de época a ser decifrado. Neste sentido, a fonte pode ser vista como "testemunho" de uma época e como "discurso" de uma época.

Há algum tempo atrás, chamavam-se as fontes de época das quais os historiadores se utilizavam de "fontes primárias" ou de "fontes de primeira mão". Hoje se assinala a tendência a utilizar simplesmente a denominação "fonte" para a documentação histórica de todos os tipos. Também é ocasionalmente empregada a expressão "documento histórico", que hoje em dia é praticamente um sinônimo de "fonte histórica" – embora os historiadores estejam preferindo utilizar cada vez mais no lugar de "documento" a expressão "fonte" que, além de ser uma expressão mais abrangente, é menos associável às práticas historiográficas do passado ("documento" tomado exclusivamente como uma espécie de "prova" ou "testemunho do que aconteceu", à maneira positivista)[27].

De modo bem distinto, a "bibliografia" propriamente dita constitui o conjunto daquelas outras obras com as quais dialogamos, seja para nelas nos apoiarmos ou para nelas buscarmos contrastes. Não são obras que funcionam como material direto para o estudo do tema. São obras escritas por outros autores que refletiram sobre o mesmo tema que tomamos para estudo, ou que contêm desenvolvimentos teóricos importantes para o nosso trabalho.

É este tipo de bibliografia que discutimos no capítulo relativo à "Revisão Bibliográfica". Trata-se, como dissemos até aqui, de estabelecer um diálogo com outros autores, de comparar os seus pontos de vista com os nossos para buscar apoios e contrastes, de respaldar algumas opiniões que não queremos emitir sozinhos, de reaproveitar as ideias destes autores no contexto de nosso trabalho para torná-lo mais rico, mais plural, interconectado com a comunidade científica da qual fazemos parte. Se o lugar para a indicação deste diálogo com a "literatura" existente é a "Revisão Bibliográfica", já as "fontes" não devem ser descritas ou avaliadas

---

27. Sem falar ainda que a palavra "documento", de origem jurídica, parece remeter apenas a um certo tipo de documentação escrita, em detrimento da enorme variedade de fontes que hoje são utilizadas pelos historiadores.

## 3. Revisão Bibliográfica

neste mesmo capítulo do Projeto. Para elas deve ser reservado um capítulo especial, ou então incorporar a sua descrição e avaliação ao capítulo relativo à "Metodologia" (em muitos projetos este capítulo recebe a designação de "Fontes e Metodologia"). Deixaremos para falar nos aspectos relativos à constituição do *corpus documental* (conjunto de fontes), e à sua integração ao Projeto de Pesquisa, no momento oportuno.

O mesmo que foi observado em relação à distinção entre bibliografia e fontes deve ser observado com relação à distinção entre *periódicos* utilizados como "bibliografia" e periódicos utilizados como "fontes". Valem alguns esclarecimentos.

Entre os diversos tipos de documentação à disposição do historiador para construir a sua análise historiográfica pode se dar que – dependendo do objeto de estudo – as revistas, jornais, magazines e outros tipos de periódicos constituam precisamente fontes privilegiadas para que este historiador se aproxime de uma época ou de uma situação histórica.

De fato, o historiador pode lançar mão dos periódicos para compreender uma sociedade "através de registro múltiplo: do textual ao iconográfico; do extratextual – reclame ou propaganda – à segmentação; do perfil de seus proprietários àquele de seus consumidores"[28]. O mais banal magazine, e talvez exatamente por causa desta banalidade, constituir-se-á para ele em uma fonte privilegiada para perceber a vida cotidiana, os padrões de consumo, o vocabulário de uma sociedade, os seus modos de pensamento, sensibilidade e representação.

No outro extremo, a própria "revista especializada" pode vir a se constituir em excelente fonte para compreender um setor social que se relaciona a este tipo de publicação e de leitura. Uma tese sobre "o pensamento historiográfico brasileiro na segunda metade do século XIX" terá como fontes obrigatórias a *Revista do IHGB*. Atente-se porém para o fato de que, neste caso, estarei utilizando o periódico como fonte, e não como bibliografia de apoio.

Se pretendo compreender o pensamento dos historiadores que no século XIX se filiavam ao Instituto Histórico e Geográfico Brasileiro, estarei examinando as revistas desta época como fontes para analisar o discur-

---

[28]. Ana Luíza MARTINS, *op.cit*. p.21.

so historiográfico de então, a posição política de seus enunciadores, os seus comprometimentos políticos, e assim por diante. Pode se dar, porém, que eu utilize nesta mesma tese textos de historiadores atuais que foram publicados na revista do IHGB, mas agora para estabelecer um diálogo historiográfico com estes autores, meus contemporâneos, em torno de meu objeto de estudo. Neste caso, já se trata de utilizar o periódico como bibliografia de apoio. Enquanto na primeira situação tratava-se de examinar o pensamento da época para compreender a sociedade que o produziu, já na segunda situação lanço mão de textos atuais para enriquecer uma discussão bibliográfica sobre uma sociedade do século XIX. Em outras palavras, neste último caso estarei empregando os artigos dos periódicos como textos com os quais concordo ou dos quais discordo.

Em vista do que foi visto até aqui, é fácil entender que no capítulo Revisão Bibliográfica de uma tese sobre a historiografia oitocentista só deverão ser mencionados os textos que se enquadram nesta última situação (textos atuais que discutem a historiografia do século XIX). Quanto aos próprios textos do século XIX que foram publicados pela *RIHGB*, estes deverão ser relacionados no capítulo "Fontes e Metodologia" de um Projeto, pois se referem às fontes primárias que serão trabalhadas pelo historiador e sobre as quais se farão incidir metodologias específicas de análise.

# 4
# JUSTIFICATIVA E OBJETIVOS

## 4.1. Justificativa

Algumas vezes, o pesquisador que elabora um Projeto de Pesquisa confunde inadvertidamente os elementos que deveriam figurar no capítulo "Justificativa" com aspectos do capítulo "Objetivos". Mas existe uma diferença bastante significativa entre a expressão "por que fazer", que se refere ao capítulo "Justificativa", e a expressão "para que fazer", que se refere ao capítulo "Objetivos". "Por que fazer" (ou a "Justificativa") refere-se às motivações que o conduziram a propor a Pesquisa, e às razões que sustentam a sua persistência em realizá-la. "Para que fazer" (ou "Objetivos") corresponde às finalidades que você pretenderá ter atingido quando a pesquisa tiver sido realizada. O que separa "Por que fazer" de "Para que fazer" (ou "Justificativa" de "Objetivos") é algo da mesma ordem daquilo que separa "motivações" e "intenções". Posto isto, é claro que ao propor objetivos interessantes e relevantes você já estará, de um modo ou outro, ajudando a esclarecer a importância da sua Pesquisa, o que produz em última instância uma interação efetiva entre estes dois capítulos do Projeto.

Outra confusão frequente é entre o conteúdo da "Delimitação do Tema" e o da "Justificativa". Como estes capítulos sucedem-se na ordem habitual de um Projeto de Pesquisa, muitos acabam por se utilizar equivocadamente do capítulo "Justificativa" para continuar a descrever o tema e a explicitar o recorte temático. O objeto da pesquisa, na verdade, deve ser mais adequadamente discutido no seu lugar apropriado, e não neste capítulo que tem uma função muito específica no Projeto, conforme se verá a seguir.

Justificar um Projeto é convencer os seus leitores da sua importância, da sua relevância acadêmica e social, da viabilidade da sua realização, da pertinência do tema proposto. Pode-se investir, ainda, no convencimento dos leitores com relação ao fato de que você é o pesquisador ideal para realizar tal Pesquisa, já que possui certas experiências e níveis formativos. Vale a pena, por fim, mostrar neste capítulo a originalidade do Tema, inclusive apontando lacunas que foram ou serão evidenciadas pela Revisão Bibliográfica e indicando-as como uma justificativa adicional para o Projeto.

O Quadro 4 sintetiza alguns dos campos que podem aparecer no capítulo "Justificativa". Também aqui o capítulo pode ser organizado por subitens explicitados no texto (relevância social, relevância acadêmica, originalidade, viabilidade, etc.). Ou, de outro modo, estes aspectos podem apenas conduzir a organização dos parágrafos deste capítulo do Projeto, mas sem se optar pela pontuação de títulos subdividindo o texto. Também não existe uma ordem melhor do que as outras. Começaremos, a título de exemplificação, com o aspecto da relevância social.

Ao abordar atrás as questões relativas à escolha do tema, vimos que a relevância social e a importância acadêmica de um tema trazem sempre consigo uma dimensão de relatividade. Um tema é considerado socialmente relevante a partir dos olhares ancorados em um lugar e em uma época. E é considerado academicamente relevante a partir das práticas de uma determinada comunidade historiadora, ou mesmo de algumas tendências da Instituição visada. Deste modo, interferem decisivamente no "reconhecimento de relevância" tanto a sociedade inscrita em um determinado tempo e circunstâncias, como a realidade acadêmica ou profissional que se ergue em torno do historiador. De uma Instituição a outra, por exemplo, margens de aceitação ou rejeição de um tema ou de uma linha interpretativa podem mudar. E um tema que esteve na moda há dois ou três anos atrás pode hoje sofrer resistências, para retornar no futuro ao time dos mais relevantes.

Como o capítulo "Justificativa" de um Projeto tem a função de convencer o leitor da importância e até necessidade de realização da Pesquisa, convém ao proponente de um Projeto de História desenvolver para si mesmo uma reflexão sincera sobre os limites sociais e acadêmicos que ele e seu tema deverão enfrentar. A arte de convencer reside, de certa forma, nesta capacidade de se colocar no lugar do outro, de enxergar o

# 4. Justificativa e Objetivos

Quadro 4: *Itens para o capítulo Justificativa de um Projeto*

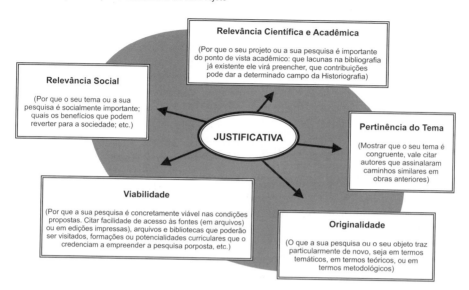

mundo através dos olhos do outro para, a partir daí, perceber que argumentos melhor abrirão caminhos para uma aceitação da proposta que se quer fazer passar. Escolhido um tema cuja relevância seja de algum modo sustentável em vista dos leitores visados, o autor do Projeto deve no capítulo "Justificativa" reunir argumentos a favor de seu tema.

Justificar um tema é antes de tudo assinalar as suas conexões. Pode-se conectá-lo com outras pesquisas, com os avanços recentes do campo de saber em referência, com a bibliografia já consolidada, com as necessidades de preencher lacunas de conhecimento, com as possibilidades efetivas de levá-lo adiante (viabilidade)... e, acima de tudo, mostrar as suas conexões sociais. A importância de um tema a ser trabalhado cresce sensivelmente à medida que conseguimos ligá-lo ao mundo externo, pois ele deixa de ser mero diletantismo ou exercício de erudição para se tornar uma necessidade, algo que precisa ser feito.

Pode-se começar por mostrar como a Pesquisa proposta trará um benefício efetivo para a sociedade. São comuns as argumentações de que tal ou qual tema favorecerá a elaboração de uma maior conscientização social acerca de determinado problema de importância reconhecida. Estudar o nazismo – este acontecimento tão traumático para a história mundial – parece vir carregado de relevância social em uma humanidade que ainda não resolveu os problemas fulcrais da intolerância, do fanatismo, do autoritarismo, do racismo, da manipulação das grandes massas pela retórica política e pelos recursos de comunicação. Os movimentos neonazistas, mesmo que minoritários, ainda deixam as suas marcas nos noticiários deste início do século XXI, atualizando um tema que não deixou de gerar reflexões historiográficas desde o final da Segunda Grande Guerra.

Estuda-se o nazismo, aliás, *contra* ele. Embora todos os pontos de vista sejam teoricamente passíveis de abordagem, é preciso dizer que iria de encontro a algumas dificuldades uma Tese que, nos dias de hoje, pretendesse mostrar simpatia para com este movimento político-social. Naturalmente que, caso o nazismo tivesse saído vitorioso da Segunda Grande Guerra, a história seria outra. Pode se dar também que o pesquisador encontre uma instituição neonazista que deseje financiar a sua pesquisa de resgate do ponto de vista nazi-fascista, e aqui a questão se inverte; mas naturalmente surgiria neste momento um problema ético a ser enfrentado. Evento traumático na história da humanidade, o nazismo ainda estende suas ondas de impacto aos dias de hoje, sobretudo em países que tiveram maior envolvimento com a Segunda Guerra[29]. De qualquer modo, o historiador não é um mercenário, pronto a defender qualquer ponto de vista em troca de financiamentos. Ele deve investir naquilo que acredita, encontrando os caminhos institucionais mais adequados ao trabalho que almeja realizar.

Um exemplo de argumentação a respeito da relevância social que teria o estudo de um tema específico enquadrado dentro do assunto "nazismo" poderia evocar precisamente a necessidade de compreender os mecanismos de poder que conduzem às possibilidades políticas das ditaduras fascistas, mas também o interesse de perceber as suas resistên-

---

**29.** Um dos grandes debates sobre "ética" e "estudos acerca do nazismo" eclodiu na Alemanha durante a década de 1980, gerando uma extensa querela que ficou conhecida como "Historikerstreit" (Batalha dos Historiadores). A seu respeito, o historiador Hobsbawm comenta: "Tratava-se de saber se alguma atitude histórica diante da Alemanha Nazista, que não a total condenação, não corria o risco de reabilitar um sistema extremamente infame ou, pelo menos, de atenuar seus crimes" (Eric HOBSBAWM. "O Presente como História". In *Sobre História*. São Paulo: Companhia das Letras, 2000. p.243-255). Os textos produzidos por este debate acham-se editados em J. KONOWLTON e T. CATES (orgs.). *Forever in the shadow of Hitler?* New Jersey: Atlantic Highlands, 1993.

## 4. Justificativa e Objetivos

cias possíveis, os mecanismos de solidariedade que conseguem sobreviver em uma estrutura política de intolerância e autoritarismo. Compreender o nazismo da primeira metade do século XX, por outro lado, pode ajudar a compreender o neonazismo deste fim do século, ou oferecer uma oportunidade comparativa para entender as posteriores ondas de xenofobia na Europa, de fanatismo de direita, de intolerância política e racial. Tudo isto poderia ser evocado como argumentação para sustentar a relevância social de um tema enquadrado dentro do nazismo.

Defender a relevância social de um tema é portanto conectá-lo com a sua presumível importância para a sociedade que está em torno, evitando que a atividade científica permaneça isolada pelos muros da Academia ou que se torne mero exercício de erudição. Pode-se facilmente sustentar a relevância de estudos voltados para as minorias ou para as maiorias oprimidas de qualquer tempo em uma sociedade que se entenda como democrática. Um estudo sobre as mulheres de certa sociedade em determinado espaço e temporalidade pode ser justificado, antes de tudo, como um estudo que contribui para a compreensão da mulher de maneira geral. Sustenta-se como justificável um estudo sobre uma comunidade indígena, com base na lembrança de que os povos indígenas estão permanentemente ameaçados de extinção ou de aculturação.

Pode ainda ser evocado o apelo da nacionalidade, da necessidade de contribuir para a construção da identidade sociocultural mais imediata. Os temas relacionados à História do Brasil ocupam, de fato, a maior porcentagem da produção historiográfica deste país. Mas os brasilianistas americanos também estudam a nossa realidade social nos seus vários momentos históricos, mostrando que todas as histórias podem ser escritas por historiadores de todos os lugares. De modo similar, os historiadores brasileiros também estudam a História Antiga e Medieval, a História da África, ou qualquer outro objeto em que encontrem interesse.

Por outro lado, não deve haver uma preocupação tão excessiva com a aparente relevância social de um tema a ponto de inviabilizar o exame de temas históricos que se mostrem interessantes, embora revelem menor impacto social. Para além da implicação social mais imediata, é preciso ter em mente que nenhum tema é a princípio descartável, e que existe também a dimensão da "relevância acadêmica". Grosso modo, possui relevância do ponto de vista acadêmico qualquer objeto de estudo que se abra para o preenchimento de uma lacuna já identificada pelo historiador.

De fato, constitui ótimo argumento a favor da relevância científica de um tema remeter às lacunas bibliográficas relativas ao assunto ou âmbito temático. Costuma-se, por isto, criar uma conexão entre esta parte do capítulo "Justificativa" e a "Revisão Bibliográfica" localizada em outra parte do Projeto. Pode-se argumentar algo assim, por exemplo: "conforme veremos na Revisão Bibliográfica apresentada noutra parte deste Projeto, existe uma lacuna de obras historiográficas direcionadas para o enfoque proposto". Dizer que um certo tema já foi diversas vezes explorado, mas nunca com o aporte teórico ou metodológico que constituirá precisamente a contribuição da Pesquisa proposta, ou que, em que pese o tema não ser inédito, pela primeira vez ele será percebido através das fontes agora escolhidas para serem examinadas – isto também é sustentar a relevância científica ou acadêmica de um tema.

Existe ainda a possibilidade de conectar a relevância científica de um tema com os desenvolvimentos recentes do campo científico em que se insere a Pesquisa. Em História, por exemplo, os estudos interdisciplinares constituíram uma conquista fundamental do último século, e naturalmente ainda existe muito a fazer em termos de trazer para a historiografia abordagens e perspectivas originárias de outros campos do saber. Desta forma, uma pesquisa histórica de âmbito interdisciplinar encontra excelentes argumentos de relevância científica no simples fato de que está pronta a promover um diálogo da História com esta ou aquela Ciência.

Relevância mais propriamente "acadêmica" do que científica é associar o seu tema a uma das "linhas de pesquisa" contempladas pela Instituição a quem se dirige o Projeto. Argumentar que a pesquisa que é proposta irá se integrar a uma rede de pesquisas que já existe na Instituição, ou mesmo fora dela, pode produzir um efeito significativo. De fato, quebrar o isolamento de uma pesquisa interligando-a potencialmente a outras é sempre promissor, pois é inegável que o diálogo acadêmico tende a enriquecer qualquer objeto de estudo. Mais uma vez, "justificar um tema é apontar as suas conexões".

Se esta não for suficientemente clara, é preciso ainda justificar o tema em termos de sua "pertinência". Busca-se mostrar, de algum modo, a sua congruência, e vale para tal fim citar autores anteriores que assinalaram caminhos que agora serão efetivamente seguidos. Deve-se, contudo, evitar repetições. Se a Revisão Bibliográfica já discutiu estes caminhos em

## 4. Justificativa e Objetivos

aberto, tratar-se-á, aqui, apenas de estabelecer mais uma conexão. Da mesma forma, se o capítulo "Delimitação Temática" já deixou clara a pertinência do tema proposto, não é preciso retornar a este aspecto.

Quanto ao "quesito originalidade", que pode vir a se constituir em excelente justificativa para um tema, valem as considerações já assinaladas na ocasião em que falávamos dos critérios a serem levados em conta para a escolha do tema. Ser original, como dizíamos, nem sempre implica em partir de um recorte temático inteiramente novo, pois a originalidade pode estar presente em qualquer uma das muitas dimensões da Pesquisa, desde as fontes utilizadas até a maneira de trabalhar estas fontes, e desde as conexões teóricas estabelecidas até as interpretações propostas.

A "viabilidade", por fim, é fator fundamental para justificar uma pesquisa. Deve-se convencer aos leitores de um projeto que a pesquisa proposta é viável, isto é, que poderá ser concretizada efetivamente. Pode-se por exemplo mostrar que as fontes são acessíveis, uma vez que se acham localizadas em arquivos que o historiador poderá frequentar. Neste caso, vale a pena mencionar que arquivos são estes, qual a sua localização, que tipo de fontes cada um deles disponibiliza para consulta. É possível também trabalhar com fontes impressas e editadas, e, neste sentido, citar a existência de edições confiáveis mostra-se como um item a mais para reforçar a viabilidade.

Se uma viagem a outros países ou localidades for imprescindível para a realização da pesquisa, deve ficar bem claro se o historiador tem como empreender esta viagem através de seus próprios recursos ou se, com o próprio Projeto, estará requisitando a liberação de verbas pela Instituição financiadora. Como sempre, é preciso utilizar o bom senso: é preciso refletir sobre até que ponto o atrelamento da pesquisa a uma viagem prevista poderá favorecer ou dificultar a aceitação do Projeto.

Entra também como argumento para a viabilidade mostrar que o proponente do Projeto está perfeitamente apto a realizar a pesquisa proposta – arrolando neste caso formações ou potencialidades que o credenciam a empreender o trabalho a ser realizado.

Justificar uma pesquisa, enfim, é conectá-la argumentativamente com tudo aquilo que contribua para revelar a sua relevância, a sua originalidade, a sua viabilidade, a oportunidade de sua realização pelo pesquisador que a encaminha. Existe ainda a possibilidade de discorrer sobre a "justificativa do recorte" no item "Justificativa" de um projeto de pesquisa em História.

No capítulo anterior, vimos que a determinação precisa de um recorte de tempo – imprescindível nas pesquisas em História – deve ser orientada por um "problema" que se tem em vista, e não se pautar em números redondos, em propostas comemorativas, ou simplesmente na gratuidade. O capítulo "Justificativa" também pode incluir um item para explicitar os critérios que levaram o pesquisador a optar por um determinado recorte de tempo.

Por outro lado, este tipo de "justificativa do recorte" também pode aparecer no próprio capítulo referente à "Delimitação da Pesquisa". Ao mesmo tempo em que apresenta ou constitui o seu recorte, o historiador já pode ir justificando-o, não precisando necessariamente esperar pelo capítulo "Justificativa" para explicitar os critérios que orientaram as suas escolhas temporais. As duas alternativas são igualmente válidas (justificar o recorte no capítulo relativo à "Delimitação Temática", ou deixar isto para o capítulo "Justificativa"). O importante é não deixar passar em branco a oportunidade de esclarecer para o leitor os critérios definidores da pesquisa, mas sempre com o cuidado de não cair em repetições.

Como um lembrete final, deve-se atentar ainda para as diferenças entre as justificativas pertinentes a um "Projeto de Pesquisa" propriamente dito e aquelas que podem ser evocadas para sustentar o chamado "Projeto de Dissertação" ou "Projeto de Tese". O primeiro é aquele projeto que o pesquisador encaminha a uma Instituição propondo iniciar uma investigação científica ou um estudo acadêmico com o seu apoio. As seleções para Mestrado, e sobretudo as seleções para Doutorado, exigem habitualmente este tipo de Projeto. Neste caso, pressupõe-se que a pesquisa ainda não foi iniciada, a não ser em uma fase exploratória destinada a lançar as bases para o objeto de estudo.

Já o Projeto de Tese ou de Dissertação refere-se a uma pesquisa em andamento. A maior parte dos programas de pós-graduação das universidades brasileiras lidam com o que se chama de "exame de qualificação", que consiste em uma etapa intermediária entre a admissão do pesquisador no Programa e a defesa de Tese no seu momento terminal. O

# 4. Justificativa e Objetivos

Projeto de Tese – que deve ser defendido pelo pesquisador no seu exame de qualificação – pressupõe uma pesquisa em andamento, que já está sendo realizada, e seu objetivo é oferecer à Banca Examinadora um retrato do seu atual encaminhamento, no sentido de receber sugestões e contribuições que poderão beneficiá-lo com acertos e enriquecimentos.

Este último tipo de Projeto refere-se portanto a um segundo momento. O Pesquisador já foi aceito pela Instituição, e neste sentido não é mais preciso justificar a proposta expondo o ajuste das suas qualificações pessoais ao trabalho a ser realizado. Ao justificar a Viabilidade, deve mencionar a questão do acesso às fontes dentro de um momento presente que já vai sendo percorrido (a esta altura, o pesquisador já está provavelmente frequentando arquivos). De certo modo, entre o "Projeto de Pesquisa" e o "Projeto de Tese" deve ser feito um ajuste de linguagem, tanto no capítulo referente à Justificativa e como em outros. Pelo menos a coleta ou constituição de fontes já deve ter sido iniciada, e uma parte da análise a ser empreendida.

Dito isto, o pesquisador deve refletir sobre a situação de seu Projeto naquele momento, para justificá-lo adequadamente.

## 4.2. Objetivos

Com relação ao capítulo "Objetivos", trata-se de uma seção relativamente simples do Projeto de Pesquisa. Convencionalmente, os Objetivos são expostos sob a forma de sentenças que se iniciam com verbos na forma de Infinitivo. É comum, também, que eles sejam expostos dentro de uma listagem sucessiva e numerada. Na verdade, o capítulo "Objetivos" é o único do Projeto de Pesquisa que tende a ser apresentado por tópicos listados (os demais capítulos devem ser apresentados em texto cursivo e problematizado).

Trata-se de um capítulo curto, pelo menos nos projetos de História, e neste sentido não convém propor uma quantidade muito grande de objetivos. Existe mesmo uma tendência à supressão deste capítulo nos projetos mais sintetizados, mas frequentemente ainda é destacado um capítulo "Objetivos" nos projetos de pesquisa que são produzidos para o âmbito acadêmico.

Por vezes faz-se uma distinção entre os "objetivos gerais" e os "objetivos específicos", mas esta distinção não precisa aparecer necessariamente explicitada no texto sob a forma de dois grupos listados de objetivos. Por outro lado, por uma questão de lógica e de convenção amplamente aceita, costuma-se principiar com os objetivos mais amplos e mais gerais para depois ir descendo até os objetivos mais específicos e concretos.

O objetivo mais geral de uma pesquisa seria, naturalmente, investigar o tema dentro das especificações e dos limites propostos. Mas este é um objetivo óbvio demais para ser explicitado, e a sua enunciação pode (e deve) ser dispensada, já que o autor já terá apresentado em detalhe o seu objeto de estudo e a pesquisa que pretende realizar no capítulo "Delimitação Temática". Pode-se, quando muito, desdobrar aspectos deste objetivo mais amplo. Tomando-se como exemplo o tema da "Repressão à educação feminina no islamismo xiita do final do século XX", pode-se pontuar – entre outros – os seguintes objetivos gerais:

1 – Contribuir para o conjunto de estudos historiográficos sobre a mulher, particularmente no que se refere aos sistemas de repressão que historicamente a têm oprimido.

2 – Comprovar a diversidade interna do islamismo contemporâneo, a partir da percepção de uma realidade multifacetada presente em setores xiitas do islamismo no final do século XX.

3 – Empreender um estudo sobre a alteridade cultural, a partir de um esforço de compreensão de uma realidade social ainda pouco conhecida no Ocidente (etc., etc.).

Conforme se vê, logrou-se na exposição de objetivos acima não apenas registrar que se pretende realizar um trabalho dentro dos limites propostos (o que seria óbvio), mas também explicitar o que se espera alcançar com este trabalho, que aspectos importantes será possível atingir com ele, em que campos de interesse se penetra com este trabalho. Deixou-se também mais claro quais são as dimensões fundamentais a serem elucidadas pela pesquisa: a mulher, o islamismo, a alteridade.

Em seguida pode-se passar a objetivos específicos e concretos. Se a Pesquisa estiver associada à intenção de gerar algum produto – um livro, um CD-Rom, um Vídeo, a instalação de uma página na Internet, um Banco de Dados que depois poderá ficar à disposição de futuros pesqui-

## 4. Justificativa e Objetivos

sadores – isto pode ser mencionado como objetivo específico. No caso de pesquisas de mestrado e doutorado, um produto evidente será a Tese (texto redigido para registrar a investigação e a análise do pesquisador). Como é um produto óbvio (*toda* pesquisa de doutorado deve desembocar na redação de uma tese), não deve aparecer registrado como objetivo. Contudo, se a Pesquisa irá gerar adicionalmente um CD-Rom, um Vídeo ou Banco de Dados, a concretização destes produtos poderá ser mencionada como objetivos a serem alcançados. Por exemplo:

1 – Produzir um vídeo constituído pela edição de imagens e depoimentos relativos à vida cotidiana nas comunidades xiitas.

2 – Produzir um arquivo de história oral formado por depoimentos colhidos entre pessoas que conviveram com a realidade de algumas das comunidades examinadas.

3 – Elaborar um CD-Rom contendo informações detalhadas que não aparecerão no texto da Tese (etc., etc.).

Em pesquisas relacionadas a campos de conhecimento que não os das ciências humanas (âmbitos das ciências naturais e exatas) aparecem mais amiúde os produtos materializados: a elaboração de uma maquete de Engenharia, a produção de uma vacina para determinada doença, a realização de um certo programa de computação, a fabricação de determinada aparelhagem científica, e outros tantos exemplos. Como nas Ciências Humanas o objetivo central é sempre produzir análise e reflexão, os subprodutos da pesquisa são quase sempre suportes de texto e de informação.

A Tese – que em um campo como a Microbiologia ou a Física pode eventualmente vir a se constituir apenas em um "relatório" que não é necessariamente o maior objetivo da pesquisa – é nas ciências humanas o objetivo último. Em última instância, o que o pesquisador das ciências humanas produz é uma reflexão sobre a sociedade e sobre o homem. Esta reflexão será necessariamente registrada sob a forma de texto para ser comunicada a outros (ou sob a forma de outros tipos de suporte de comunicação, como o CD-Rom ou Vídeo, embora ainda não se tenha notícia de uma Tese apresentada sob esta modalidade).

Em vista das especificidades de cada tipo de ciência, o capítulo "Objetivos" pode vir a se constituir em um capítulo menos ou mais importante. É bom lembrar ainda que, em determinados modelos de Projeto, a especificação de alguns dos produtos atrás mencionados (CD-Rom, Livro, Vídeo) pode merecer um capítulo especial denominado "Formas de apresentação de resultados".

Para além da menção de materiais a serem produzidos como resultado do trabalho desencadeado durante a pesquisa, os objetivos específicos também podem se referir a aspectos mais delimitados do tema a serem desvendados ou esclarecidos a partir da pesquisa proposta.

De uma maneira geral, é o que se poderia dizer sob o capítulo "Objetivos". Enunciar Objetivos é em última instância indicar finalidades, assinalar pontos de chegada, registrar algumas promessas, planejar produtos concretos ou abstratos.

# 5
# Quadro Teórico

## 5.1. Interações e diferenças entre Quadro Teórico e Metodologia

Na elaboração de projetos de pesquisa, costuma-se confundir com alguma frequência o "Quadro Teórico" e o capítulo "Metodologia". A base destas hesitações entre o que é uma coisa e o que é outra é uma confusão ainda mais primordial entre "teoria"* e "metodologia" – dois campos que, embora em algumas ocasiões ofereçam fronteiras difusas, são bem distintos um do outro.

Esta confusão entre teoria e metodologia ocorre mais amiúde nas pesquisas da área das Ciências Humanas. Na área das chamadas Ciências Exatas, a distinção entre "teoria" e "método" torna-se mais óbvia, porque a "teoria" assume um caráter mais abstrato (cujo extremo é a formulação matemática) e a "metodologia" assume um caráter mais concreto, envolvendo técnicas mais diretas de medição ou experimentação e também aparelhagens diversas. Já nas Humanas, nem a teoria é assim tão abstrata, nem a metodologia é tão concreta[30], o que por vezes dá margem a hesitações diversas. Procuraremos então, antes de abordar possibilidades para a construção de um "Quadro Teórico", dissipar quaisquer dúvidas envolvendo estes aspectos.

A "teoria" remete a uma maneira de ver o mundo ou de compreender o campo de fenômenos que estão sendo examinados. Remete aos conceitos* e categorias* que serão empregados para encaminhar uma determi-

---

[30]. Para o caso da Metodologia, pode-se considerar por exemplo que um "quadrado semiótico" – instrumento de análise empregado em Ciências Humanas como a Lingüística, a Psicanálise ou a História – é menos concreto, no sentido mesmo de materialidade, do que um barômetro utilizado na Meteorologia ou um telescópio na Astronomia.

nada leitura da realidade, à rede de elaborações mentais já fixada por outros autores (e com as quais o pesquisador irá dialogar para elaborar o seu próprio quadro teórico). A "teoria" remete a generalizações, ainda que estas generalizações se destinem a serem aplicadas em um objeto específico ou a um estudo de caso delimitado pela pesquisa.

Já a "metodologia" remete a uma determinada maneira de trabalhar algo, de eleger ou constituir materiais, de extrair algo destes materiais, de se movimentar sistematicamente em torno do tema definido pelo pesquisador. A metodologia vincula-se a ações concretas, dirigidas à resolução de um problema; mais do que ao pensamento, remete à ação. Assim, enquanto a "teoria" refere-se a um "modo de pensar" (ou de ver)[31], a "metodologia" refere-se a um "modo de fazer", ou ao campo de atividades humanas que em filosofia denomina-se *práxis**. Para clarificar esta diferença, retomaremos nossa analogia entre a "pesquisa" e a "viagem", e começaremos por refletir sobre esta questão a partir de uma metáfora.

Imaginaremos que o nosso objetivo é realizar a famosa viagem conhecida como "o caminho de Santiago de Compostela", que para muitas pessoas tem um significado simbólico especial e pode-se constituir em uma singular experiência de autoiluminação.

O que leva uma série de pessoas a percorrer este célebre caminho, situado entre a Espanha e a França, é a "teoria" de que esta peregrinação trará consigo implicações místicas. Esta crença está alicerçada em milhares de elaborações mentais anteriores, em depoimentos de pessoas que já percorreram o caminho e que se sentiram iluminadas, e ancorada ainda nesta ou naquela religião (a religião, grosso modo, é um sistema de pensamentos a partir do qual o homem procura equacionar as suas relações com um mundo invisível que ele acredita ser bem real).

É porque acreditam em um mundo para além da realidade física, e nas propriedades místicas de uma peregrinação através do caminho de

---

31. "Theoria", para os filósofos gregos da Antiguidade, era a "contemplação". "Mais precisamente, pode-se ver nela simultaneamente a percepção, o conhecimento e a aceitação da ordem das coisas" [DELATTRE, P. "Teoria/Modelo". In *Enciclopedia Einaudi, 21 (Método – Teoria/Modelo)*. Lisboa: Imprensa Nacional, 1992. p.224]. Já em *A Lógica da Pesquisa Científica*, Karl POPPER utiliza a metáfora de que "as teorias são redes, lançadas para capturar aquilo que denominamos 'o mundo': para racionalizá-lo, explicá-lo, dominá-lo" (São Paulo: Cultrix, 1995. p.61).

## 5. Quadro Teórico

Santiago, que anualmente centenas de pessoas se propõem a uma viagem à qual não faltarão as privações e desconfortos. Pode-se dar também que alguém elabore a sua própria teoria acerca das vantagens espirituais de percorrer o caminho de Santiago, e isto já será suficiente para que inicie esta empreitada, ao lado de outros que já se valem de uma "teoria" pronta e bem fundamentada em uma rede de elucubrações e depoimentos anteriores.

Suponhamos que somos um destes peregrinos que, ancorados em uma determinada visão do mundo e munidos de determinadas convicções religiosas, se propuseram a percorrer o caminho de Santiago. Para realizar efetivamente uma viagem destas, e sair do plano da "teoria" para o de uma realização prática e concreta, será preciso que tomemos uma série de cuidados e procedimentos. Iremos a pé ou montados? Com que tipo de vestuário e com que equipamentos? Se optarmos por uma caminhada a pé, esta caminhada será efetivada em que ritmo de evolução: a passos irregulares, a passos medidos, lentamente, mais rapidamente, alternando caminhadas lentas com caminhadas mais rápidas, parando a intervalos regulares ou irregulares para alimentação e reabastecimento? Como planejaremos os recursos alimentícios e a sua distribuição pelas várias etapas da viagem? Dormiremos ao relento ou em pousadas? Será preciso fazer reservas?

Estas são decisões metodológicas. Uma vez que já nos decidimos a fazer algo, será necessário escolher os "modos de fazer", nos municiarmos dos instrumentos necessários a este "fazer", planejar sistematicamente este "fazer". A escolha de um tipo de calçado inadequado, de uma maneira de caminhar inapropriada, de uma técnica incompatível com o tipo de solo ou clima – cada uma destas coisas poderá ser responsável pelo fracasso da empreitada. Se quisermos atingir com menos riscos e desacertos uma finalidade, deveremos buscar conscientemente um conjunto de "metodologias", de instrumentos e modos de fazer. A própria necessidade nos obriga a isto.

É verdade, ainda, que uma decisão "teórica" pode encaminhar também uma escolha "metodológica". Fazer reservas de hospedagem para uma peregrinação que se pretende mística pode ser incompatível com esta ou aquela teoria da autoiluminação. Da mesma maneira, uma hipótese – a de que a "iluminação" só se torna possível para o andarilho que caminha sozinho – pode definir não apenas os objetivos (caminhar sozinho) como também as metodologias para alcançar este objetivo (planejamento para uma jornada autossuficiente).

Tem-se assim, para o exemplo proposto, dois campos distintos. Pertencem ao campo teórico a "religião" ou o conjunto de opiniões místicas que nos motivaram a iniciar a viagem, o conceito de "autoiluminação", a nossa própria visão de mundo, o patrimônio formado pelos pensamentos desenvolvidos por viajantes anteriores. Pertencem ao campo da metodologia os equipamentos e instrumentos, as técnicas escolhidas para utilizá-los, os modos de combinar uma técnica e outra, o planejamento relativo ao uso dos materiais e aos momentos mais apropriados de empregar cada técnica.

Voltemos ao problema da Pesquisa Científica. Quando formulou a sua teoria sobre a "Origem das Espécies" – edificando-a a partir de uma nova taxonomia e de conceitos como o da "seleção natural"[32] – Darwin estava se movimentando no campo teórico. A partir daqui, o mundo natural passava a ser ordenado de acordo com uma abordagem evolutiva onde cada espécie viva seria considerada como portadora de uma conquista biológica obtida através de "variações favoráveis" que haviam passado pelo crivo da natureza em meio ao desenrolar da "luta das espécies"[33].

O que Darwin fez foi "arrumar" a Natureza de acordo com uma nova cosmovisão. A teoria sobre a "Origem das Espécies" é apenas uma certa maneira de "ver" a Natureza, que a partir desta abordagem teórica acaba sendo reconstruída ao mesmo tempo como o palco de uma grande luta envolvendo os seres vivos e como um tribunal permanente onde as diferenças trazidas por cada indivíduo são julgadas favorável ou desfavora-

---

**32.** Sobre o conceito de "seleção natural" criado por Darwin, é ele mesmo quem o define: "dei o nome de seleção natural [...] a essa conservação das diferenças e das variações favoráveis individuais e a essa eliminação das variações nocivas" (Charles DARWIN. *A Origem das Espécies*. Brasília: UNB, 1992).

**33.** Mario Bunge assim registra a combinação de axiomas que sustenta a teoria elaborada por Darwin: "A alta taxa de aumento populacional conduz à pressão populacional", "A pressão populacional leva à luta pela vida", "Na luta pela vida, o inatamente mais apto sobrevive", "As diferenças favoráveis são herdáveis e cumulativas" e "As características desfavoráveis levam à extinção" (Mario BUNGE. "Simplicidade no trabalho teórico". In *Teoria e Realidade*. São Paulo: Perspectiva, 1974. p.151).

## 5. Quadro Teórico

velmente pelo conjunto dos demais (das diferenças favoráveis emergiriam precisamente as espécies vitoriosas, que acabariam sobrevivendo e se fixando)[34]. Em vista disto, o sistema de Darwin procura organizar as várias espécies animais existentes como portadoras de diferenças de umas em relações a outras, como se resultassem escalas de seres vivos produzidas pela "seleção natural". Ocorre, assim, um inevitável descentramento da espécie humana, que passa a não ser nada mais nada menos do que um ponto nesta rede de escalas naturais. O que a teoria sobre a "Origem das Espécies" propõe, deste modo, é uma nova imagem do mundo.

Desta possibilidade teórica era preciso passar às possibilidades demonstrativas, que permitiriam que Darwin formulasse as suas hipóteses não mais sob a forma de hipóteses, mas sob a forma de leis. Para isto, seria preciso que o naturalista inglês iniciasse também a sua viagem, e que concretamente coletasse uma infinidade de exemplos de espécies animais que se permitissem a um encaixe dentro da nova arrumação que propunha para o mundo natural. Assim, Charles Darwin pôs-se ao campo em uma sistemática viagem de observação ao redor do mundo, a partir da qual pôde coletar dados, ordená-los, classificá-los e analisá-los.

Em momentos como estes é que se passa ao terreno da "metodologia". Diante de um material bruto escolhido ou produzido para sofrer observações e experimentações, ou diante de um campo de fenômenos que se apresenta à experiência sensível ou à percepção crítica, é preciso adotar métodos e técnicas para coleta de dados, para análise destes dados, para comparar as análises empreendidas, para criar condições de experimentação ou de observação que possam ser mais tarde reproduzidas cientificamente. Sem esta etapa demonstrativa a partir de uma observação sistematizada e de métodos e técnicas diversificados para elaboração dos fatos, a teoria da "Origem das Espécies" permaneceria no campo das conjecturas*.

Uma teoria inteiramente original a respeito de algo é frequentemente criada a partir da intuição, da reflexão, da observação assistemática

---

[34]. A imagem do mundo natural produzida por Darwin, ao apresentar a "contingência" como a grande responsável pelo desenvolvimento das espécies, veio a se opor deste modo à "representação clássica" da Natureza, que a concebia como um conjunto ordenado e finalista. Por ora, é o bastante para deixar registrado que as teorias são visões de mundo (ou de um problema específico) que se defrontam.

(já que a "observação sistemática" virá depois, com o método, para demonstrar ou apoiar as novas proposições teóricas). Às vezes, um novo veio teórico pode ser aberto mesmo por acidente, quando se busca experimentalmente uma coisa e acaba se encontrando outra (ou mesmo quando não se está buscando nada). De qualquer maneira, nestes casos estamos falando apenas de motivações que podem dar origem a uma nova sistematização teórica.

Mas de um jeito ou de outro a elaboração de uma teoria pressupõe um esforço de reflexão, de abstração, de produzir uma generalização a partir dos eventos particulares (indução) ou de desdobrar sucessivamente o pensamento a partir de uma colocação ou constatação primordial (dedução). Daí dizermos que a teorização está associada aos modos de pensar e de ver, enquanto a metodologia está associada aos modos de agir.

Por outro lado, deve ser dito que não é preciso criar uma teoria nova a cada pesquisa. Longe disto, o pesquisador pode explorar os recursos teóricos já existentes e combiná-los de modo a estudar uma situação, um caso, ou um campo que ainda não tinha sido abordado. Ao iniciar uma pesquisa ou um estudo específico, o cientista já está habitualmente munido de uma determinada forma de ver as coisas, de conceitos que direcionam o seu pensamento e as suas escolhas. Pode ser que venha a transformar este quadro teórico no decurso da própria pesquisa ou de seu trabalho de reflexão, mas quase sempre é preciso (ou até inevitável) partir de algo.

Compreendidas até aqui as diferenças fundamentais entre "quadro teórico" e "quadro metodológico", poderemos nos aproximar mais especificamente da manifestação destas diferenças no campo da História. A Pesquisa em História também envolve um confronto interativo entre teoria e metodologia. O ponto de partida teórico, naturalmente, é uma determinada maneira como vemos o processo histórico (porque há muitas).

Poderemos, por exemplo, alicerçar nossa leitura da História na ideia de que esta é movida pela "luta de classes"* (este é um conceito que pertence, embora não exclusivamente, à teoria do "materialismo histórico"). Mas se quisermos identificar esta "luta de classes" na documentação que constituímos para examinar este ou aquele período histórico, teremos de nos valer de procedimentos técnicos e metodológicos especiais.

## 5. Quadro Teórico

Será talvez uma boa ideia fazer uma "análise de discurso" sobre textos produzidos por indivíduos pertencentes a esta ou àquela "classe social"* ("classe social", aliás, é também uma categoria "teórica"). Esta análise de discurso poderá se empenhar em identificar "contradições", ou em trazer a nu as "ideologias"* que subjazem sob os discursos examinados, e para tal poderá se valer de técnicas semióticas, da identificação de temáticas ou de expressões recorrentes (análises isotópicas), da contraposição intertextual entre discursos produzidos por indivíduos que ocupam posições de classe diferenciadas, e assim por diante.

Da mesma forma, se acreditamos que as condições econômicas e materiais determinam a vida social e as superestruturas mentais e jurídicas de uma determinada comunidade humana historicamente localizada (outro postulado* teórico do marxismo) deveremos selecionar ou constituir metodologias e técnicas capazes de captar os elementos que caracterizariam esta vida material. Dependendo do tipo de fontes históricas utilizadas poderemos, por exemplo, realizar análises quantitativas ou seriais, utilizar técnicas estatísticas para levantar as condições de vida de certos grupos sociais dentro de uma determinada população, e assim por diante.

Percebe-se, assim, que teoria e metodologia podem e devem estar intimamente articuladas, mas isto não implica em confundir estes dois campos, que devem aparecer bem definidos no Projeto de Pesquisa. Veremos, a seguir, de maneira mais compartimentada, o que pode aparecer no "Quadro Teórico" de um Projeto.

### 5.2. Elementos para o Quadro Teórico

O Quadro 5 propõe-se a sintetizar alguns campos de elementos que podem aparecer em um Quadro Teórico. Não necessariamente nesta ordem, e não necessariamente com todos estes itens, o pesquisador pode expor os seus referenciais teóricos por setores bem definidos.

Se ainda não se empreendeu uma "Revisão Bibliográfica" (1) das outras obras que já trataram o tema proposto, será hora de fazê-lo – ou no princípio, ou no final do Quadro Teórico. As duas escolhas são defensáveis logicamente, dentro do princípio de organização do mais geral para o mais específico.

Quadro 5: *Elementos para o Quadro Teórico*

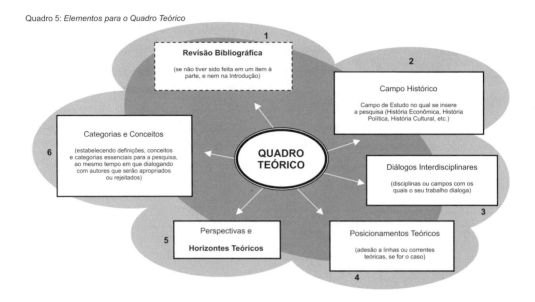

    Principiar o Quadro Teórico com a Revisão Bibliográfica é elaborar um panorama mais amplo das diversas maneiras como tem sido tratado o tema (ou um balanço da questão), para depois chegar à sua maneira específica, à combinação precisa de perspectivas e conceitos que você desenvolveu de maneira singular para o seu tratamento do tema. Encerrar o Quadro Teórico com a Revisão Bibliográfica atende a um outro tipo de lógica, mas igualmente válido, que expõe primeiro as questões teóricas mais amplas, passa por conceitos e categorias que serão operacionalizados, e finalmente atinge a especificidade de um tema já recortado, chamando atenção para obras que já o abordaram de uma ou outra maneira para, finalmente, deixar claras as próprias escolhas do pesquisador.

    Conforme se vê, não há um único modelo, ou uma "receita" que funcione para todas as ocasiões. É importante que o pesquisador adquira a personalidade e a firmeza intelectual requeridas para encontrar o padrão de lógica que mais se adapte ao seu tema e às especificidades da sua pesquisa. Digamos, agora, que a Revisão Bibliográfica já foi realizada no princípio do Projeto, logo após à Delimitação do Tema (a organização desta Revisão Bibliográfica já foi discutida em capítulo anterior, na Primeira Parte deste livro). Neste caso, há ainda uma série de coisas que podem e devem ser discutidas no Quadro Teórico.

## 5. Quadro Teórico

O pesquisador pode começar, por exemplo, por definir o campo ou a subárea do conhecimento em que se insere a sua pesquisa (2). No interior da disciplina da História, podem ser entrevistos vários domínios ou campos, como a História Econômica, a História Cultural, a História das Mentalidades, a História Política, e assim por diante[35]. E não necessariamente o tema precisará se ater a apenas um destes enfoques, já que se poderá combiná-los a dois ou a três (uma História Regional que enfoque essencialmente os problemas da Cultura ou os aspectos econômicos; uma História Econômica na inserção com uma História Política)[36]. Existem ainda as combinações que relacionam estes tipos de História com outras classificações que se referem mais ao tipo de abordagem empregada (uma História Política pode associar-se a uma História Oral no que se refere ao tipo de fontes utilizadas; uma História Antropológica pode ser articulada à Micro-História* no que se concerne à escala de observação empregada, e assim por diante)[37].

Quando se opta pelo enquadramento dentro de um destes campos, deve-se ter o cuidado de definir também uma perspectiva dentro do campo escolhido. A História Política do século XIX, por exemplo, tinha outras preocupações que já não são exclusivamente as da História Política do século XX – esta que superou a exclusiva preocupação anterior com a política dos grandes Estados (conduzida ou interferida pelos "grandes homens"), e que passou a se interessar também pelo "poder" nas suas outras modalidades (que incluem também os micropoderes presentes na vida cotidiana, o uso político dos sistemas de representações, e assim por diante). Para além disto, a Nova História Política passou a abrir um espaço correspondente para uma "História vista de Baixo", ora preocupada com as grandes massas anônimas, ora preocupada com o "indivíduo comum", e que por isto mesmo pode se mostrar como o portador de indícios que dizem respeito ao social mais amplo. Assim, mesmo quando a Nova História Política toma para seu objeto um indivíduo,

---

**35.** Para um balanço da produção historiográfica pertinente a alguns dos diversos campos da História, ver José D'Assunção BARROS. *O Campo da História*. Petrópolis: Vozes, 2004.

**36.** Para registrar um exemplo, a *História do Clima depois do Ano Mil*, de Emmanuel Le Roy LADURIE, inscreve-se na articulação de uma Geo-História com uma História da Cultura Material (Paris: Flamarion, 1967).

**37.** Estas várias classificações serão mais bem especificadas posteriormente.

não visa mais a excepcionalidade das grandes figuras políticas que outrora os historiadores positivistas acreditavam ser os grandes e únicos condutores da História.

Conforme vemos, é importante não apenas fixar um campo de estudo ou uma combinação de campos, mas também definir o tipo de inserção dentro deste campo. Voltaremos à questão dos vários campos em que se divide a História no próximo item. Por ora, avancemos na explicitação dos elementos que podem ser discutidos no "Quadro Teórico" de um Projeto de Pesquisa.

Dependendo da pesquisa, pode ser igualmente significativo mencionar os "diálogos interdisciplinares" (3). A Historiografia, a partir do século XX, abriu-se de maneira muito rica a diversos diálogos com as várias disciplinas das ciências humanas e mesmo com as disciplinas das ciências exatas. Este trabalho de História da Cultura pode dialogar com a Crítica Literária, com a Semiótica, com a Psicanálise; aquele trabalho de História Regional pode dialogar com a Geografia, com a Ecologia, com a Demografia, com a Antropologia; e um outro trabalho de História Econômica pode dialogar (obviamente) com a Economia e com a Estatística. Os diálogos interdisciplinares possíveis à Historiografia do nosso tempo são múltiplos, gerando uma grande riqueza de possibilidades[38].

Definidos os campos de inserção e os diálogos interdisciplinares, o historiador pode passar a clarificar os seus "posicionamentos teóricos" (4). Se ele achar conveniente, pode firmar a sua adesão a linhas ou correntes teóricas específicas, se for o caso. Assim, pode definir a sua historiografia como marxista, aderir às perspectivas estruturalista ou funcionalista, adotar os modelos teóricos weberianos, ou propor uma abordagem neopositivista, apenas para citar alguns exemplos.

É importante ressaltar que a adesão teórica a uma linha única não é de modo algum obrigatória. É possível compor uma combinação de abordagens teóricas, desde que compatíveis, ou utilizar livremente con-

---

38. O volume 2 ("Novas abordagens") da série *Novos problemas, novas abordagens e novos objetos* (J. LE GOFF e P. NORA. Rio de Janeiro: Francisco Alves, 1988) constitui-se precisamente de textos de vários autores que enfocam os diálogos da História com a Arqueologia, a Economia, a Demografia, e outros. Sobre a questão mais ampla da "interdisciplinaridade", ver Hilton JAPIASSU, *Interdisciplinaridade e patologia do saber* (Rio de Janeiro: Imago, 1976). Para embasar um pouco mais a questão, ver no Glossário o verbete "interdisciplinaridade"*.

## 5. Quadro Teórico

ceitos oriundos de matrizes diversas, contanto que de maneira coerente e fazendo as adaptações necessárias. Porém, se o pesquisador declara assumir uma linha única, deve se mostrar familiarizado com os seus preceitos e fundamentos, com os seus desdobramentos e com as variações e subcorrentes pertinentes a esta linha. Posto isto, não abordaremos neste volume uma revisão das grandes linhas teóricas nas ciências humanas, até mesmo porque existe uma infinidade delas e porque cada uma exigiria uma discussão crítica mais ou menos densa.

Por ora, cabe ressaltar que a escolha assumida de um referencial teórico mais ou menos fixo traz naturalmente as suas implicações. Digamos que o historiador parta de um horizonte teórico vinculado a certas posições tradicionais do "materialismo histórico". Coerentemente ele terá de partir de certos conceitos* fundamentais – como os de "modo de produção", "formação social", "luta de classes", "ideologia" – e de uma certa visão da História a partir da transformação dialética. Não estamos mencionando ainda a questão, que será colocada mais adiante, de que na verdade não existe um único marxismo, mas sim diversos marxismos.

De qualquer modo, o historiador que pretende se inscrever estritamente dentro dos limites do "materialismo histórico", e não apenas utilizar livremente alguns dos seus conceitos básicos, deve ter um problema central em mente: de que modo a produção da vida material do homem determina a sua organização social e impulsiona o seu desenvolvimento histórico? Ou ainda, de que maneira as relações econômicas estruturam uma dada sociedade e se "refletem" na sua produção cultural? De que forma, enfim, apresenta-se a "luta de classes" em uma sociedade historicamente localizada, em função destas relações entre vida material e sociedade?

Estas questões não foram respondidas de um único modo no interior da teoria marxista e de sua historiografia. Desde a sua fundação em meados do século XIX, o materialismo histórico tem se desdobrado em inúmeros horizontes e perspectivas teóricas, de modo que os seus conceitos não estão na verdade imobilizados. Tomemos como exemplo o conceito de "modo de produção". Nos primórdios do marxismo, este era definido como o conjunto das "forças produtivas" e "relações de produção" presentes em uma dada sociedade e em uma determinada etapa do seu desenvolvimento histórico, coincidindo com uma "infraestrutura" que determinava no fim das contas a "superestrutura" da sociedade (a "ideologia", o sistema jurídico, a cultura, etc.).

Esta linha de determinação mais direta, que aparece nos primeiros textos de Marx e Engels a partir de *A Ideologia Alemã* (1846)[39] – e que depois dos fundadores do materialismo histórico viria muitas vezes a ser retomada – sintoniza-se apenas com um dos enfoques possíveis à historiografia marxista. Os próprios fundadores do materialismo histórico, a partir de certo momento, passaram a relativizar esta questão da determinação econômica – sobretudo Engels, que corrigiu o determinismo marxista com a ideia de "determinação em última instância", onde já admitia uma influência retroativa da superestrutura sobre a infraestrutura.

Mais tarde viriam muitas outras contribuições à teoria marxista. A "Escola Marxista Inglesa"* (e Thompson em particular) trabalha com uma compreensão ampliada do conceito de "modo de produção". Para estes historiadores, a esfera da cultura faz parte do próprio modo de produção, de maneira que estudar a cultura é já estudar um aspecto daquele. Por isso, é tão comum entre estes autores a exploração prioritária de fontes da História Cultural

De igual maneira, conceitos como os de "classe social", "luta de classes" e "consciência de classes" também têm se beneficiado de inúmeras flutuações e variações dentro do quadro teórico do materialismo histórico. Assim, por exemplo, o problema do encaminhamento da *luta de classes* sofre na obra de E.P. Thompson uma interessante inversão. Enquanto que para alguns autores marxistas primeiro se forma uma *classe social*, depois esta adquire uma *consciência de classe*, e finalmente se estabelece a *luta de classes*, para o historiador inglês verifica-se precisamente o contrário: parte-se primeiramente da *luta de classes* e, somente depois que um determinado grupo social atinge certo ponto da consciência de sua identidade, isto é, constrói a sua "consciência de classe", é que vai se constituir propriamente uma nova *classe social*[40]. De certa forma, este posicionamento não deixa de dialogar com sugestões já

---

39. MARX e ENGELS. *A Ideologia Alemã*. São Paulo: Martins Fontes, 1989.

40. Ver E.P. THOMPSON. "Lucha de clases sin clases". In *Tradición, Revuelta y Consciência de Classe*. Barcelona: Editorial Crítica, 1989. p.13-61.

## 5. Quadro Teórico

presentes em Marx na *Miséria da Filosofia*[41], onde ele expressa a ideia de que a massa do povo transformada em trabalhadores pode ser em certo momento uma "classe em si", mas ainda sem uma consciência de classe, até que no próprio processo de luta ela se une para formar uma "classe para si", já com plena consciência dos seus interesses. Por outro lado, esta oposição entre "classe em si" e "classe para si"* é rejeitada por Poulantzas[42].

Os exemplos de conceitos redefinidos dentro das várias correntes marxistas estendem-se indefinidamente. Já nem falaremos, por exemplo, nas múltiplas elaborações marxistas do conceito de "ideologia"* a partir de Karl Marx, passando por diversos autores como Lênin, Gramsci, Lukács ou Althusser.

Diante de tantas nuances internas, filiar-se ao Materialismo Histórico pode parecer em algumas ocasiões muito vago, sendo por vezes necessário delinear um certo "horizonte ou perspectiva teórica" dentro desta corrente mais ampla (5). No mínimo, será necessário precisar alguns "conceitos" (6), conforme eles estejam mais ou menos presentes na instrumentalização da pesquisa a ser desenvolvida e na exploração do tema proposto.

Conforme já foi ressaltado, a filiação a uma corrente de pensamento definida não é, em todo o caso, uma obrigatoriedade. O pesquisador deve ser livre para compor o seu quadro teórico da maneira que achar mais adequada, contanto que haja coerência nas suas escolhas. Assim, é possível combinar autores diversos, utilizando um conceito importante deste, uma abordagem proposta por um outro, e assim por diante. Naturalmente que deve haver um cuidado especial para não combinar perspectivas incompatíveis.

A partir da crise dos grandes paradigmas totalizantes – que pretendiam até antes das últimas décadas do século XX fornecer modelos globais que seriam capazes de explicar toda a experiência humana dentro

---

**41.** Karl MARX. *Miséria da Filosofia*. São Paulo: Mandacaru, 1990. Cap. II, 5.

**42.** Com relação aos usos de E.P. THOMPSON das noções de "classe" e "consciência de classe", ver ainda o Prefácio de 1963 para *A Formação da Classe Operária Inglesa* (Rio de Janeiro: Paz e Terra, 1987. p.9-14).

de um único sistema de pensamento – a tendência mais atual das pesquisas em História e nas Ciências Sociais parece ter passado a ser a de escapar tangencialmente, de alguma maneira, a filiações exclusivas aos grandes sistemas unificados e às posições inflexíveis. Ao contrário, hoje se utiliza com maior liberdade o repertório de possibilidades teóricas das ciências humanas, dissolvendo-se os antigos padrões de incompatibilidade que pareciam bloquear a criatividade teórica. O que não quer dizer, é bom frisar mais uma vez, que em teoria tudo é permitido. Qualquer posição torna-se permitida, sim, quando o autor consegue sustentá-la de maneira coerente e argumentativa, demonstrando a aplicabilidade dos caminhos teóricos escolhidos em situações concretas trazidas à tona pela pesquisa.

Mais importante do que uma filiação parece ser a já mencionada necessidade de esclarecer uma determinada perspectiva teórica que irá orientar o trabalho em questão. Assim, se a perspectiva do "determinismo geográfico" é central em nosso trabalho, isto deve ficar bem estabelecido desde o princípio. Se o meu objeto é o discurso, torna-se imprescindível definir os horizontes teóricos a partir dos quais estou entendendo os fenômenos da língua, da enunciação, da recepção. Por exemplo, a linguagem representa e reflete diretamente aquele que a utiliza?[43] Existe uma correspondência entre o tipo do discurso e as características do seu locutor ou do seu meio?[44] A comunicação é um processo ou um dado?

Em certas pesquisas vinculadas a temáticas pertinentes ao imaginário* social, o posicionamento de um historiador quanto à questão das *mentalidades* também pode implicar em um tipo de abordagem teórica a ser definida com maior precisão, à parte a própria escolha dos tipos fontes que irão constituir o *corpus documental*. Por exemplo: acreditamos em uma *mentalidade coletiva*? Existe uma base comum presente nos "modos de pensar e de sentir" dos homens de determinada sociedade – algo que una "César e o último soldado de suas legiões, São Luís e o camponês que cultivava as suas terras, Cristóvão Colombo e o marinheiro de suas caravelas"? Abraçando esta perspectiva teórica, o historiador

---

[43] C.E. OSGOOD. "The representational model and relevant methods". In I. de Sola Pool (ed.). *Trends in content analysis*. Illinois: Urbana University of Illinois Press, 1959.

[44] M.C. d'URUNG. *Analyse de contenu et acte de parole*. Delarge: Ed. Universitaires, 1974.

## 5. Quadro Teórico

deve ampliar necessariamente a sua concepção documental. Conforme assinala François Furet[45], se o historiador das mentalidades procura alcançar níveis médios de comportamento, não pode se satisfazer com a literatura tradicional do testemunho histórico, que é inevitavelmente subjetiva, não representativa, ambígua.

Lucien Febvre tentou ainda uma segunda via. Em sua famosa obra sobre Rabelais[46], o historiador francês se propõe – a partir da investigação de um único indivíduo – identificar as coordenadas de toda uma era. A abordagem é criticada pelo historiador italiano Carlo Ginzburg que, ao contrário, opta por instrumentalizar o conceito de *mentalidade de classe* em sua obra *O Queijo e os Vermes*[47]. Neste último caso – onde toma como documentação principal os "registros inquisitoriais" do processo de um moleiro italiano perseguido pela inquisição no século XVI – Ginzburg mantém-se atento à questão da "intertextualidade", isto é, ao diálogo que o discurso do moleiro Menocchio estabelece implicitamente com outros textos e discursos.

Deste modo, embora ambos historiadores partam de um estudo de caso individual, a abordagem tornou-se distinta. Além do discurso externo do próprio Menocchio, Ginzburg toma por objeto a multiplicidade de discursos que o constituem; e, além disso, evita a pretensão de reconstituir uma "mentalidade de época".

Outra série de exemplos relativos à diversificação de abordagens pode ser buscada nas várias alternativas que se abrem para uma História Política. Se a minha pesquisa inclui um estudo das relações de poder, é preciso definir, por exemplo, a partir de que perspectiva eu estou entendendo o poder. O poder é gerado a partir de um centro ancorado na organização estatal, ou está distribuído em redes por toda a sociedade?[48] Que conceitos fundamentarão minha análise do poder? Se utilizo, por exemplo, o conceito de *hegemonia*, adotarei qual das diversas concepções que

---

45. François FURET. *A Oficina da História*. Lisboa: Gradiva, 1991. v. I. p.93.
46. Lucien FEBVRE. *Le problème de l'incroyance au XVIème siècle. La religion de Rabelais*. Paris: Albin Michel, 1962.
47. Carlo GINZBURG. "Prefácio à edição italiana". In *O Queijo e os Vermes*. São Paulo: Cia. das Letras, 1989. p.34.
48. Michel FOUCAULT. *Microfísica do Poder*. São Paulo: Graal, 1985.

já foram empregadas para este conceito? A adoção de uma certa perspectiva teórica, relacionada a alguma questão específica, deve vir desta forma articulada ao sentido preciso que se pretende atribuir aos diversos conceitos, ideias e categorias teóricas que serão utilizados, conforme se verá mais adiante.

### 5.3. O Campo Histórico

Dizíamos atrás que, em alguns casos, mostra-se adequado explicitar no Projeto de Pesquisa a área de estudos em que se inscreve o trabalho a ser realizado. Esta explicitação não é obrigatória, e pode ser que em alguns casos revele-se gratuita (situação em que deverá ser obviamente dispensada). Para o caso de que seja importante para o pesquisador explicitar o campo histórico em que pretende atuar, serão úteis alguns esclarecimentos.

A divisão do Campo Histórico em áreas mais específicas constitui uma questão extremamente complexa. Ainda assim, tentaremos registrar aqui um pequeno panorama relativo às suas várias possibilidades.

O Quadro 6 foi elaborado com o intuito de organizar melhor os vários critérios em que habitualmente dividimos o campo dos saberes históricos – distribuindo-os em "dimensões", "abordagens" e "domínios" da História – e buscando esclarecer as várias divisões que estes critérios podem gerar. De certo modo, as três ordens de critérios correspondem a divisões da História respectivamente relacionadas a "teorias", "métodos" e "temas". Por ali veremos que uma primeira ordem de classificações é gerada pelas várias *dimensões* da vida humana, embora na realidade social estas nunca apareçam desligadas entre si. Teremos então uma História Demográfica, uma História Econômica, uma História Política, uma História Cultural, e assim por diante.

A maior parte destas dimensões é por si só evidente, e por isto não nos deteremos em uma definição pormenorizada de cada um destes campos (o que exigiria um livro específico com esta finalidade). A *História Demográfica*, por exemplo, enfatiza o estudo de tudo aquilo que se refere à "População": as suas variações quantitativas e qualitativas, o crescimento e declínio populacional, os movimentos migratórios, e assim por diante.

# 5. Quadro Teórico

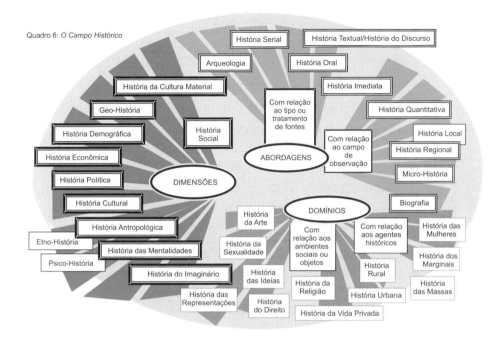

Quadro 6: O Campo Histórico

A *História da Cultura Material* estuda os objetos materiais em sua interação com os aspectos mais concretos da vida humana, desdobrando-se por domínios históricos que vão do estudo dos utensílios ao estudo da alimentação, do vestuário, da moradia e das condições materiais do trabalho humano. Trata-se de uma especificidade da história que está intimamente associada à *Arqueologia*, mas esta designação refere-se mais a uma "abordagem" das fontes da cultura material do que à "dimensão" de vida social que é trazida por estas fontes. Relacionada a um "modo" de desvendar vestígios materiais e de conectá-los para reconstruir a História, a Arqueologia relaciona-se mais coerentemente com a segunda ordem de critérios indicada no Quadro 6 ("abordagens"). Neste sentido, quando se trata de indicar que a pesquisa deverá empregar "métodos arqueológicos" para levantar fontes e dados empíricos, isto deverá ser feito mais apropriadamente no capítulo "Metodologia" do que no capítulo "Quadro Teórico" (já que se trata mais de um "modo de fazer" do que um "modo de ver"). Mas, de qualquer maneira, a *História da Cultura Material* e a *Arqueologia* andam juntas. Um bom exemplo de *História da*

*Cultura Material* foi concretizado por Fernando Braudel, em um dos volumes de *Civilização Material, Economia e Capitalismo*[49]. Por outro lado, Marc Bloch pode ser considerado um precursor, considerando-se que teria empreendido uma modalidade de *História da Cultura Material* ao analisar a "paisagem rural" na medievalidade francesa[50].

A *Geo-História* estuda a história humana em seu relacionamento com o ambiente natural e com o espaço concebido geograficamente. É ainda com Fernando Braudel que este campo começa a se destacar, passando a se definir e a se encaixar nos estudos históricos de "longa duração"[51]. Já a *História das Mentalidades* estuda o mundo mental e os modos de sentir, ficando sob a rubrica de uma designação que tem dado margem a grandes polêmicas que não poderão ser pormenorizadas aqui.

Por outro lado, algumas das "dimensões" propostas referem-se a categorias que se abrem a diferentes possibilidades internas de tratamento, por vezes antagônicas. Já discorremos sobre como a *História Política* – que seria uma história que enfatiza o estudo do "Poder" – pode privilegiar desde o estudo do poder estatal até o estudo dos micropoderes que aparecem na vida cotidiana. Algumas das dimensões propostas permitiriam ainda novas subdivisões. A *História Cultural* – que enfatizaria o estudo de aspectos culturais – abre-se a estudos da "cultura popular", da "cultura letrada", das "representações", se bem que em alguns destes casos já entramos no âmbito dos "domínios da História", dos quais já falaremos.

A *História Antropológica* também enfatiza a "Cultura", mas mais particularmente nos seus sentidos antropológicos. Privilegia problemas relacionados à "alteridade", e interessa-se especialmente pelos povos ágrafos, pelas minorias, pelos modos de comportamento não-convencionais, pela organização familiar, pelas estruturas de parentesco. Em alguns de seus interesses, irmana-se com a *Etno-História*, por vezes assimilando esta última categoria histórica aos seus quadros.

---

**49.** Fernando BRAUDEL. *Civilização Material, Economia e Capitalismo*, 3 vol. São Paulo: Martins Fontes, 1997.

**50.** Marc BLOCH. *Les caractères originaux de l'histoire rurale française*. Paris: A. Colin, 1952.

**51.** A obra-prima de BRAUDEL neste campo é *O mediterrâneo e o mundo mediterrânico na época de Felipe II*. São Paulo: Martins Fontes, 1984. 2 vol.

## 5. Quadro Teórico

A dimensão mais sujeita a oscilações de significado é a da *História Social*, categoria que por ocasião do surgimento da "Revista dos Annales" foi construída – ao lado da *História Econômica* – por oposição em relação à *História Política* tradicional. Nesta esteira, houve ainda quem direcionasse a expressão "História Social" para uma história das grandes massas (em contraste com a biografia, com a História das Instituições, etc.). Entre os objetos mais evidentes da História Social estariam as relações sociais, as classes e estamentos, as ideologias. Por outro lado, a História Social também foi vinculada por alguns a uma "história estrutural" voltada para a "longa duração" (em oposição ao estudo econômico de "média duração" das conjunturas e à história de "curta duração" dos eventos políticos), ou pelo menos ela direcionou-se nestes casos para o estudo totalizante das três durações articuladas. História Social como História da Sociedade...

Em certo sentido, argumenta-se que toda a História que hoje se escreve é de algum modo uma História Social – mesmo que se direcionando para as dimensões política, econômica ou cultural. De fato, é possível incorporar uma preocupação social a cada uma das demais dimensões citadas, e também às várias "abordagens" e "domínios" que já veremos. Mas é também verdade que nem toda História é *necessariamente* social. Se é possível elaborar uma *História Social das Ideias* ou uma *História Social da Arte*, é possível elaborar uma *História das Ideias* ou uma *História da Arte* que se restrinjam a discutir obras do pensamento ou da criação artística sem reestruturá-las dentro do seu ambiente social mais amplo. Encontra-se quem fale em uma *História da Cultura*, preocupada em descrever produções culturais de vários tipos, mas contrastando-a com uma *História Cultural* marcada por uma preocupação social bem definida (neste caso, uma *História Social da Cultura*).

Do âmbito das dimensões, passemos ao âmbito das *abordagens*. Existem subdivisões possíveis da História que remontam ao "campo de observação" com que os historiadores trabalham. E há outras que se referem ao tipo de fontes ou ao modo de tratamento das fontes empregado pelo historiador. Em cada um destes casos, estas divisões da História referem-se mais aos "modos de fazer" do que aos "modos de conceber". Portanto, são divisões que estão mais relacionadas com Metodologia do que com Teoria. Rigorosamente, o lugar certo do Projeto de Pesquisa para aparecer esta inserção é o capítulo Metodologia (mais do que o Quadro Teórico).

Assim, por exemplo, é muito mais pertinente que o pesquisador deixe para comentar no capítulo "Metodologia" que o seu trabalho articula-se com uma *História Oral*, já que poderá aproveitar este comentário para descrever o tipo de entrevista que será utilizado na coleta de depoimentos, os cuidados na decodificação e análise destes depoimentos, o uso ou não de questionários pré-direcionados, e assim por diante. Todos estes aspectos mais se referem a "métodos e técnicas" do que a teoria (e portanto ao capítulo "Metodologia" de um Projeto, que não será objeto deste livro).

Também o campo da *História Serial* refere-se a um tipo de fontes e a um "modo de tratamento" das fontes. Trata-se de abordar fontes com algum nível de homogeneidade, e que se abram para a possibilidade de quantificar ou de serializar as informações ali perceptíveis no intuito de identificar regularidades. Num outro sentido, a História Serial lida também com a serialização de eventos (e não apenas com a serialização de fontes) propondo-se a avaliar eventos históricos de um certo tipo em séries ou unidades repetitivas por determinados períodos de tempo. Enquadram-se neste conjunto de possibilidades os estudos dos ciclos econômicos, a partir por exemplo da análise das curvas de preços, e também as análises das curvas demográficas.

A História Serial foi um campo que se abriu com a História Econômica, e que daí se estendeu à História Demográfica e à História Social, mas que terminou por se difundir para além destes limites. É o caso dos estudos de História das Mentalidades, quando se recorre à análise de séries de testamentos a fim de verificar quantas missas desejavam para depois de sua morte os homens de certa classe social em certa sociedade. Neste sentido, a série pode trazer à tona "testemunhos involuntários", permitindo estabelecer uma História das Práticas Religiosas (rubrica que deve ser enquadrada no âmbito dos "domínios" da História). Da mesma forma, é possível serializar "estruturas de parentesco", e neste momento a História Serial estará se articulando à História Antropológica.

A História Serial, relacionada a determinados procedimentos metodológicos (e que portanto podem ser comentados mais apropriadamente

## 5. Quadro Teórico

no capítulo Metodologia) articula-se deste modo a outros campos históricos como a História Econômica, a História Demográfica ou a História das Mentalidades, aplicando-se a objetos vários (como na História das Práticas Religiosas ou na História da Família). Por outro lado, com frequência ela se encontra intimamente relacionada com a chamada *História Quantitativa*, uma subdivisão da História que se refere mais ao critério "campo de observação", neste caso associado ao universo numérico e às variações quantitativas.

Dentre as subdivisões pertinentes ao critério "campo de observação", a confusão mais frequente que se faz está entre a *História Regional* e a *Micro-História*, apesar de serem campos radicalmente distintos. Valem aqui alguns esclarecimentos.

Quando um historiador se propõe a trabalhar dentro do âmbito da História Regional, ele mostra-se interessado em estudar diretamente uma região específica. O espaço regional não estará necessariamente associado a um recorte administrativo ou geográfico, podendo se referir a um recorte antropológico, a um recorte cultural ou a qualquer outro recorte proposto pelo historiador de acordo com o problema histórico que irá examinar. Mas, de qualquer maneira, o interesse central do historiador é estudar especificamente este espaço, ou as relações sociais que se estabelecem dentro deste espaço, mesmo que eventualmente pretenda compará-lo com outros espaços similares ou examinar em algum momento de sua pesquisa a inserção do espaço regional em um universo maior (o espaço nacional, uma rede comercial, etc.).

A Micro-História não se relaciona necessariamente ao estudo de um espaço físico reduzido, embora isto possa até ocorrer. O que a Micro-História pretende é uma redução na escala de observação do historiador com o intuito de se perceber aspectos que de outro modo passariam desapercebidos. Quando um micro-historiador estuda uma pequena comunidade, ele não estuda propriamente *a* pequena comunidade, mas estuda *através* da pequena comunidade (não é por exemplo a perspectiva da História Local, que busca o estudo da realidade microlocalizada por ela mesma). A comunidade examinada pela Micro-História pode aparecer, por exemplo, como um meio para atingir a compreensão de aspectos específicos de uma sociedade mais ampla. Da mesma forma, posso tomar para estudo uma "realidade micro" com o intuito de compreender certos aspectos de um processo de centralização estatal que, em um exame encaminhado do ponto de vista da macro-história, passariam certamente desapercebidos.

O objeto de estudo do micro-historiador não precisa ser desta forma o espaço microrrecortado. Pode ser uma prática social específica, a trajetória de determinados atores sociais, um núcleo de representações ou qualquer outro aspecto que o historiador considere revelador em relação aos problemas sociais que está se dispondo a examinar. Se ele elabora a biografia de um indivíduo (e frequentemente escolherá um indivíduo anônimo), o que o estará interessando não é propriamente biografar este indivíduo, mas sim os aspectos que poderá perceber através do exame microlocalizado desta vida.

Para utilizar uma metáfora conhecida, a Micro-História propõe a utilização do microscópio ao invés do telescópio. Não se trata, neste caso, de depreciar o segundo em relação ao primeiro. O que importa é ter consciência de que cada um destes instrumentos pode se mostrar mais apropriado para conduzir à percepção de certos aspectos do universo (por exemplo, o espaço sideral ou o espaço intra-atômico). De igual maneira, a Micro-História procura enxergar aquilo que escapa à Macro-História tradicional, empreendendo para tal uma "redução da escala de observação" que não poupa os detalhes e o exame intensivo de uma documentação. Considerando os exemplos antes citados, o que importa para a Micro-História não é tanto a "unidade de observação", mas a "escala de observação" utilizada pelo historiador, o modo intensivo como ele observa e o que ele observa.

Tal como se deu com as demais divisões da História pertinentes ao tipo de "abordagem", é mais apropriado que o pesquisador declare a sua opção pela Micro-História no capítulo "Metodologia" do seu projeto, embora de certa forma a Micro-História também traga consigo certas implicações teóricas. Em vista destas implicações, não é descabido mencionar a opção pelo campo da Micro-História no Quadro Teórico. Mas o importante é que não haja repetições.

Com relação aos *domínios* da História (terceiro campo proposto pelo Quadro 6), eles são de número indefinido, uma vez que se referem aos "agentes históricos" que eventualmente são examinados (a mulher, o marginal, o jovem, as massas anônimas, e qualquer outro), aos "ambientes sociais" (rural, urbano, vida privada), e aos "objetos de estudo" (arte, direito, religiosidade, sexualidade). Os exemplos sugeridos são apenas indicativos de uma quantidade de campos que não teria fim.

Pode se dar que seja mais apropriado deixar para mencionar os "domínios históricos" em que se inscreve a pesquisa por ocasião da "Delimitação do Tema", já que rigorosamente estes tipos de subdivisões da História se referem mais do que tudo a campos temáticos. Ou, se já tiver sido realizada uma "Revisão Bibliográfica", pode ser que ali tenha se mostrado uma ocasião mais oportuna para este tipo de inserção, que neste caso viria sob a forma de associação da pesquisa com a literatura já existente em cada campo temático que tenha com ela certas afinidades (uma tese sobre "a mulher no mundo islâmico" dialoga simultaneamente com a "história das mulheres" e com a "história das religiões"). Tal como se tem ressaltado, o importante é que não haja repetições inúteis, o que tornaria cansativa a leitura do Projeto.

## 5.4. Conceitos pertinentes ao campo de estudos ou à linha de pesquisa

É hora de discutir que conceitos e categorias deverão ser relacionados pelo pesquisador no seu Quadro Teórico. As várias respostas possíveis dependem, obviamente, da própria pesquisa que está sendo realizada. O que pode ser significativo para uma pesquisa, já não o será para uma outra.

Assim, a própria inscrição da pesquisa em um campo específico, ou em uma determinada "linha de pesquisas"*, pode abrir potencialmente um circuito conceitual a ser discutido. Tomaremos, apenas como um exemplo entre outros possíveis, um campo historiográfico específico.

Se, por exemplo, inscrevo a minha pesquisa na História Regional, será talvez oportuno discutir conceitos como o de "região", "território", "espaço" – o que deixará claro não apenas o conceito de região que estarei empregando (e com isto uma concepção específica de História Regional) como também os critérios que privilegiei para definir a região relativa ao meu recorte temático.

Ainda com relação aos problemas pertinentes à História Regional, pode-se considerar que neste caso as considerações teóricas misturam-se de um modo ou de outro a posturas metodológicas. Isto se deve às já mencionadas interações entre Teoria e Metodologia. Habitualmente, a pré-fixação de conceitos refere-se ao Quadro Teórico. Pode-se discutir aqui o conceito de "região", de "território", de "cidade", ou quaisquer outros de interesse da pesquisa inserida no campo da História Regional. Já os critérios de que o pesquisador se valeu para definir os limites espaciais e sociais da sua região específica – isto é, os parâmetros que nortearam a constituição do seu recorte temático em especial – podem aparecer mais propriamente explicitados no capítulo relacionado à Metodologia. Mas o importante é não produzir repetições desnecessárias no Projeto de Pesquisa. Um recurso é desenvolver no Quadro Teórico apenas a discussão dos conceitos pertinentes à História Regional, para remeter no fim desta seção ao capítulo "Metodologia", avisando que a justificativa da aplicação ao recorte temático de alguns dos critérios e conceitos ali discutidos será elaborada na parte inicial deste capítulo metodológico. Não existe, conforme estamos sempre ressaltando, uma receita pronta para organizar o Projeto de Pesquisa, devendo prevalecer em todos os casos o bom senso e a orientação para uma redação não-repetitiva.

O que se pretendeu aqui foi apenas mostrar que, já de princípio, a escolha de uma linha de pesquisa* implica em repensar o instrumental de conceitos e categorias de análise que já se encontram à disposição do historiador neste ou naquele campo de estudos. Esta avaliação consciente do instrumental teórico já existente é uma necessidade efetiva (o que se pode discutir é que aspectos desta avaliação deverão ser registrados ou não no Quadro Teórico). Assim, a escolha de uma linha relacionada à História da Cultura pode implicar na discussão do próprio conceito de "cultura", apenas para citar mais um exemplo. De igual maneira, quando uma pesquisa está claramente inscrita no campo da História Econômica, é muito natural que apareça no Quadro Teórico todo um vocabulário conceitual bem específico deste campo histórico que trabalha em íntima interdisciplinaridade com a Economia, uma vez que pode ser bastante oportuno definir naquele momento alguns conceitos que se mostrarão imprescindíveis para a Pesquisa. Por outro lado, existem conceitos cuja discussão torna-se oportuna em função do próprio recorte temático estabelecido pela pesquisa.

## 5. Quadro Teórico

## 5.5. Conceitos pertinentes ao recorte temático

Considerando-se agora o tema da pesquisa, que conceitos, categorias, noções ou termos devem ser esclarecidos ou discutidos no Quadro Teórico de um Projeto (ou mesmo na Tese a ser redigida futuramente)? Esta é uma questão que deve ser orientada sobretudo pelo bom senso. Por um lado, o esclarecimento de conceitos e expressões-chave mostra-se uma necessidade decorrente do próprio movimento do pesquisador pela rede intertextual com a qual ele dialoga. Há expressões e conceitos que são *polissêmicos*, gerando a necessidade de se precisar os sentidos em que serão utilizados pelo pesquisador. Desta forma, será uma boa medida definir tanto os conceitos ou as expressões que poderiam oferecer ao leitor ambigüidades na interpretação, como também aqueles que desejamos que sejam compreendidos com um significado bem específico, mais adequado aos objetivos da pesquisa.

Há outros conceitos que, mesmo que não sejam propriamente polissêmicos, oferecem o pretexto para introduzir esta ou aquela discussão teórica importante para o Projeto e para a futura Tese ou texto de exposição de resultados. Existe ainda a questão de que um Projeto de Pesquisa não se dirige apenas a três ou cinco examinadores que, desde sempre, estariam familiarizados com qualquer noção mais técnica ou erudita a ser empregada no trabalho. O Projeto de Pesquisa ou de Dissertação, depois de qualificado, estará eventualmente à disposição de outros pesquisadores e leitores (isto, em todo o caso, ocorrerá necessariamente para o caso da Tese propriamente dita). Por isto, também pode ser uma boa medida definir conceitos pouco utilizados ou conhecidos que eventualmente irão aparecer ou ser operacionalizados na pesquisa, sobretudo aquelas noções que fazem parte do domínio teórico de um número relativamente restrito de especialistas.

Em vista do que foi colocado, o pesquisador precisa orientar a sua escolha de definições e discussão de conceitos em torno de aspectos que vão das exigências teóricas incontornáveis aos interesses de esclarecer o seu trabalho para uma faixa de público mais ampla. Umberto Eco, em *Como se faz uma tese*, dá a perceber de maneira muito clara esta necessidade de utilizar o bom senso na escolha de expressões a serem esclarecidas:

> De início, *definem-se os termos usados*, a menos que se trate de termos consagrados e indiscutíveis para a disciplina em cau-

sa. Numa tese de lógica formal, não precisarei definir um termo como "implicação" (mas numa tese sobre a implicação estrita de Lewis terei de definir a diferença entre implicação material e implicação estrita). Numa tese de linguística não terei de definir a noção de fonema (mas devo fazê-lo se o assunto da tese for a definição de fonema em Jakobson). Porém, nesta mesma tese de linguística, se empregar a palavra "signo" seria conveniente defini-la, pois dá-se o caso de que o termo se refere a coisas diversas em autores diversos. Portanto, teremos como regra geral: definir todos os termos técnicos usados como categorias-chave em nosso discurso[52].

A estratégia de discutir no Quadro Teórico os termos utilizados como categorias-chave do trabalho, descontados os que já sejam por demais óbvios e temperando-se as escolhas com bom senso, mostra-se como a mais adequada para o Projeto de Pesquisa elaborado com seriedade. Em caso de expressões polissêmicas, e também de conceitos que foram utilizados de diversificadas formas por autores diversos, pode-se apresentar um pequeno panorama de possibilidades para o uso da expressão a ser discutida, e no final deixar claro que o autor do Projeto está optando por um uso ou sentido específico, por esta ou por aquela razão. Mas isto deve ser realizado com o cuidado de se evitar a prolixidade, ou demonstrações inúteis de erudição. Discutir uma escolha entre os vários usos possíveis de um conceito só é válido na medida em que se deixa clara a opção por um caminho teórico em detrimento de outros.

A Historiografia, e as Ciências Sociais de uma maneira geral, são bastante ricas em expressões polissêmicas e em conceitos que adquirem significados diversos conforme o sistema teórico em que se inserem ou conforme este ou aquele autor. Apenas para dar um exemplo entre tantos outros possíveis, Terry Eagleton registra em seu livro *Ideologia* nada mais nada menos do que dezesseis sentidos de uso mais comum para este conceito na atualidade[53]:

---

52. Umberto ECO. *Como se faz uma tese*. S. Paulo: Perspectiva, 1995. p.115.
53. Terry EAGLETON. *Ideologia*. São Paulo: UNESP, 1997. p.15. Sobre um panorama crítico para várias possibilidades de sentido modernamente atribuídos ao conceito de "ideologia", o autor remete a A. NAESS *et alii*. *Democracy, Ideology and Objectivity*. Oslo: 1956, p.143ss.

## 5. Quadro Teórico

| |
|---|
| a) Processo de produção de significados, signos e valores na vida social |
| b) Um corpo de ideias característico de um determinado grupo ou classe social |
| c) Ideias que ajudam a legitimar um poder político dominante |
| d) Ideias *falsas* que ajudam a legitimar um poder político dominante |
| e) Comunicação sistematicamente distorcida |
| f) Aquilo que confere certa posição a um sujeito |
| g) Formas de pensamento motivadas por interesses sociais |
| h) Pensamento de identidade |
| i) Ilusão socialmente necessária |
| j) A conjuntura de discurso e poder |
| k) O veículo pelo qual atores sociais conscientes entendem o seu mundo |
| l) Conjunto de crenças orientadas para a ação |
| m) A confusão entre realidade linguística e realidade fenomenal |
| n) Oclusão semiótica |
| o) O meio pelo qual os indivíduos vivenciam suas relações com uma estrutura social |
| p) O processo pelo qual a vida social é convertida em uma realidade natural |

Diante da variedade de usos do conceito de "ideologia" possíveis e atualmente circulantes nas Ciências Humanas, o pesquisador que quiser operacionalizar este conceito ou enunciá-lo com maior precisão deve esclarecer, para os outros e para si mesmo, o que está entendendo por "ideologia". Trata-se de uma dimensão "falsificadora" da realidade? De uma autoexpressão simbólica coletiva? Esta autoexpressão simbólica se estabelece a partir da promoção e legitimação de determinados interesses sociais em face dos interesses de grupos sociais opostos? Estes interesses sociais setorializados são restringidos às atividades de um poder social dominante? As ideias e crenças que ajudam a legitimar os interesses de um grupo dominante são encaminhadas através da distorção e da dissimulação? Ou a ideologia abrange crenças falsas ou ilusórias oriundas da estrutura material da sociedade como um todo?

Tivéssemos pretendido dar como exemplo o conceito de "cultura", não haveria letras suficientes no alfabeto para organizar uma tabela como a que foi atrás proposta para o conceito de "ideologia" – e mesmo as próximas vinte páginas não dariam conta desta operação – tantos são os significados atualmente utilizados para "cultura" nos campos da História, da Sociologia, da Antropologia, da Geografia, e inclusive das ciências naturais.

Pode-se ter uma ideia ainda mais clara da multiplicidade de sentidos que se relacionam a vários dos conceitos utilizados na História e nas Ciências Humanas, com a leitura de obras que se propõem precisamente a discutir o vocabulário teórico, ou mais especificamente o vocabulário sociológico e historiográfico. É o caso, por exemplo, da obra *Iniciação ao Vocabulário da Análise Histórica*[54], de Pierre Vilar, onde o autor apresenta de forma crítica a riqueza conceitual e a diversidade de usos em noções como "estrutura", "conjuntura", "classes sociais", "povos", "nações", "estados". Discussões deste tipo também aparecem nos verbetes de dicionários especializados em vocabulário histórico, sociológico, antropológico e político[55]. A *Enciclopédia Einaudi*, por sua vez, possui um bom número de volumes que se propõem a discutir de maneira aprofundada determinadas noções e conceitos, fornecendo ao mesmo tempo uma série de indicações bibliográficas para cada caso[56]. Assim, o volume denominado "Região" contém verbetes como "região", "cidade", "aldeia", "população", etc. Por outro lado, a literatura teórica também é rica em livros inteiros que se propõem a discutir uma única noção,

---

[54]. Pierre VILAR. *Iniciação ao vocabulário da análise histórica*. Lisboa: Sa da Costa, 1985.

[55]. Existem desde os dicionários especializados em um campo disciplinar como a História ou a Sociologia (por exemplo o *Dicionário das Ciências Históricas*, organizado por André BURGUIÈRE), até os dicionários especializados em uma única abordagem teórica, como o *Dicionário do Pensamento Marxista*, organizado por Tom BOTTOMORE. Existem ainda os dicionários especializados em um único objeto de estudos, como o *Dicionário Crítico da Revolução Francesa*, organizado por François FURET e Mona OZOUF.

[56]. Ruggiero ROMANO (dir.). *Enciclopédia Einaudi*. Lisboa: Imprensa Nacional, 1984. 41 volumes.

## 5. Quadro Teórico

ideia ou conceito, como é o caso, por exemplo, da obra *Da Revolução* de Hannah Arendt[57].

No que concerne a um Projeto, mostra-se particularmente importante a definição de expressões-chave que, constituintes do próprio título da Pesquisa, possam dar margem a ambiguidades. Assim, uma Tese ou Projeto que tenha o título: "Arariboia: a construção de um mito" pode requerer que se esclareça no Quadro Teórico o que se está entendendo por "mito". É preciso esclarecer ao leitor se a palavra está sendo empregada no seu sentido vulgar, em algum dos seus sentidos antropológicos, no sentido de "mito político", ou em qualquer outro. Se "mito" está sendo empregado com sentido antropológico, convém iniciar uma discussão em torno deste conceito, aproveitando para registrar os diálogos que o autor do trabalho pretende estabelecer com esta ou aquela corrente da Antropologia.

Da mesma forma, se o título da Tese a ser desenvolvida é "Ideologia e Música: apropriações políticas do nacionalismo musical no Estado Novo", pode ser adequado discutir o que se está entendendo por "ideologia", e o que se está entendendo por "nacionalismo musical", para além de encaminhar uma discussão teórica sobre o Estado Novo que deixe clara a posição do autor com relação a esta temática específica (este último aspecto também pode ser discutido na Revisão Bibliográfica, se esta constituir um item separado do Quadro Teórico). De maneira similar, este tema pode exigir que se tome uma posição a favor ou contrária em relação ao uso de conceitos como o de "populismo", "trabalhismo", ou outros. Pode ser que se ache necessário pôr o conceito de "nacionalismo musical" a dialogar com o conceito de "modernismo", e assim por diante.

Conforme já ressaltamos, a decisão de esclarecer ou discutir um conceito, um termo ou uma expressão no Quadro Teórico deve ser orientada na confluência das necessidades da própria pesquisa e do bom senso do pesquisador. Os exemplos acima foram meramente ilustrativos.

---

57. É elucidativa a leitura do primeiro capítulo desta obra, no sentido de perceber como pode ser aprofundada a discussão de uma única noção, a de "revolução" (Hannah ARENDT. "O Significado de Revolução". In *Da Revolução*. São Paulo: Ática/UNB, 1998. p.17-46). Também existem textos da autora onde se procura definir "política" (*O Que é Política?* Rio de Janeiro: Bertrand Brasil, 1990). Outro exemplo interessante, agora para o conceito de "estrutura", acha-se em Roger BASTIDE (coord.). *Usos e sentidos do termo "estrutura" nas ciências humanas*. São Paulo: Herder/EDUSP, 1971.

## 5.6. Normas para a elaboração de definições conceituais

Uma vez examinados os aspectos que envolvem as decisões de selecionar determinados conceitos para serem discutidos em um Quadro Teórico seria útil, agora, falarmos sobre os aspectos redacionais relativos a esta operação.

Algumas normas gerais podem ser úteis para a orientação de definições ou de esclarecimentos conceituais a serem elaborados ou corrigidos pelo pesquisador-escritor. Uma definição* deve ser tão breve quanto possível na sua unidade frásica inicial. Em seguida a ela, se for o caso, o autor pode desdobrar tantos comentários quantos achar necessários, ou mesmo situar por oposição a sua definição em relação a outras, indicar as suas referências teóricas ou critérios, apontar as vantagens de suas escolhas, e assim por diante. Estaremos nos referindo, a seguir, apenas a este momento frásico inicial, onde o autor procura sintetizar em duas ou três linhas a essência do conceito que tem em mente, definindo-o a partir dos aspectos que o singularizam.

Uma primeira precaução na elaboração de definições e de esclarecimentos conceituais é evitar o uso de vulgarizações e definições cotidianas. É preciso ter alguma desconfiança, por exemplo, em relação às definições de dicionário (a não ser que seja um dicionário especializado), porque na maior parte das vezes estas definições não são elaboradas de maneira científica. A transferência de definições de um dicionário comum, sem nenhuma crítica, para uma obra que pretende assumir uma dimensão científica, pode produzir equívocos drásticos[58]. É mais acertado confiar em obras teóricas mais densas, ou em livros e artigos especializados na matéria relativa à pesquisa.

Em alguns casos, o pesquisador não deve hesitar em reformular ele mesmo algumas definições, já refletidas a partir do que dizem os textos especializados, mas adaptando-as a partir do seu próprio senso crítico. Também ocorre com alguma frequência a necessidade de criar um conceito inédito, e consequentemente de defini-lo da maneira mais apropriada possível para o leitor (Charles Darwin, em exemplo atrás menciona-

---

[58]. Ver A.J. BACHRACH. *Introdução à pesquisa psicológica*. São Paulo: EPU, 1975. p.51-53.

## 5. Quadro Teórico

do, precisou elaborar o conceito original de "seleção natural", já que estava desenvolvendo uma abordagem do mundo natural até então não existente e para a qual o próprio instrumental teórico ainda precisava ser inventado).

Alguns critérios redacionais podem orientar a elaboração correta de uma definição a ser incluída em um trabalho científico. Em primeiro lugar, somente devem ser empregados em uma definição termos suficientemente claros por si mesmos, ou então termos que, embora não sejam necessariamente claros ou simples, já foram definidos anteriormente no mesmo trabalho.

É novamente o bom senso o que deverá orientar a decisão de esclarecer esta ou aquela expressão, de empregar esta ou aquela palavra menos habitual ou mais técnica sem maiores esclarecimentos – sempre evitando os extremos de, por um lado, menosprezar a capacidade compreensiva do leitor, e de, por outro, considerá-lo um *expert* ou um conhecedor de todas as expressões possíveis. Ou seja, aquele que redige o texto científico deve se movimentar equidistante à obsessão ingênua de tudo definir e à negligência de deixar ideias obscuras pelo caminho.

Assim, por exemplo, em um texto de História não é preciso se preocupar com o esclarecimento da expressão "materialismo histórico" que foi utilizada em uma determinada definição de conceito, porque esta expressão já deve ser familiar a qualquer leitor mediano de textos historiográficos. Mas, em uma Tese de História que atue em um registro interdisciplinar com a Psicanálise, talvez seja interessante esclarecer palavras como "pulsão"* ou "denegação", que podem não ser conhecidas por todos os leitores de livros de História (embora sejam palavras bem conhecidas entre os leitores especializados em Psicanálise).

Não se deve cair na armadilha de incluir na definição, mesmo de maneira disfarçada, a própria palavra ou conceito que se pretende definir, o que equivaleria, grosso modo, a explicar de maneira tautológica uma palavra pela própria palavra. Nem se deve enveredar pela operação inútil de definir um termo pelo seu contrário. Por exemplo, é inútil e redundante a definição de que "uma revolução é um movimento social conduzido por revolucionários", ou de que "a guerra é a situação caracterizada pela presença de belicosidade". Da mesma forma, será inútil esclarecer que se está entendendo "revolução" como "a situação que produz um rompimento em relação à ordem política vigente", ou que se está conceituando "guerra" como "a situação que se opõe à paz". Definições como estas não levam a lugar nenhum, e não têm nenhum "conteúdo" real aproveitável para um trabalho científico.

A elaboração da definição de um conceito deve, efetivamente, associar-se a um enriquecimento ou a uma conquista na produção de conhecimento, contribuindo simultaneamente para ampliar ou redefinir a "compreensão" que se tem de alguma coisa e para deixar claros os limites dentro dos quais se aplica a conceituação proposta, o que em linguagem filosófica significa esclarecer a "extensão" do conceito (já falaremos sobre isto). Eventualmente, a definição pode ainda clarificar a posição do conceito dentro de uma rede teórica mais ampla, com algum tipo de referência.

Para além disto, deve-se atentar para o fato de que um conceito deve implicar em alguma forma de generalização, deixando de fora particularizações que se refiram apenas a um objeto ou fenômeno isolado. Muitas das formulações conceituais inúteis que aparecem nos Projetos de Pesquisa e em Teses devem-se ao fato de que o autor não tem bem claro para si mesmo o que significa mais propriamente um "conceito". Começaremos então por aqui.

*

Um conceito* é uma formulação abstrata e geral, ou pelo menos passível de generalização, que o indivíduo pensante utiliza para tornar alguma coisa inteligível nos seus aspectos essenciais, para si mesmo e para outros. Visto desta forma, o conceito constitui uma espécie de órgão para a percepção ou para a construção de um conhecimento sobre a realidade, mas que se dirige não para a singularidade do objeto ou evento isolado, mas sim para algo que liga um objeto ou evento a outros da mesma natureza, ao todo no qual se insere, ou ainda a uma qualidade de que participa.

Assim, muito habitualmente, os conceitos correspondem a categorias gerais que definem classes de objetos e de fenômenos dados ou construídos, e o seu objetivo é sintetizar o aspecto essencial ou as características existentes entre estes objetos ou fenômenos. Desta maneira, a Revolução

## 5. Quadro Teórico

Francesa ou a Revolução Americana não são conceitos, mas "revolução" sim. Da mesma forma, o conceito marxista de "modo de produção" pode encontrar um desdobramento no "modo de produção asiático" ou no "modo de produção feudal": mas não tem sentido, por exemplo, dizer que se pretende conceituar o "modo de produção feudal" em uma determinada região da Europa Medieval. O que se está fazendo neste último caso é descrever uma situação social específica, que pode até se enquadrar no que habitualmente se define como "modo de produção feudal", mas que neste tipo de operação (a descrição de um fenômeno) virá misturada com singularidades que não fazem parte do âmbito conceitual.

De maneira análoga, pode-se "explicar" historicamente o que foi a Revolução Francesa a partir de um certo ponto de vista, mas não se pode "conceituá-la", uma vez que a Revolução Francesa constitui um conjunto singular e único de situações e aspectos. Uma descrição histórica, mesmo que sintetizada, não pode ser confundida com uma conceituação. A explicação construída sobre a Revolução Francesa, por outro lado, poderá se valer dentro dela do uso do conceito de "revolução", mediante o qual, se a explicação for levada até este ponto, o leitor poderá saber o que há de comum entre a Revolução Francesa e a Revolução Chinesa e a Revolução Cubana, e o que habilita chamar a cada um daqueles eventos e situações de "revolução".

Portanto, este tipo de conceito, quando bem formulado, representa somente os elementos que são absolutamente essenciais ao objeto ou fenômeno considerado na sua generalidade, e deste modo ele deve trazer para a sua definição aspectos que são comuns a todas as coisas da mesma espécie, deixando de fora fatores que são somente particularizantes de um objeto ou fenômeno singular.

Exemplos de conceitos que reúnem objetos particulares em uma única classe podem ser encontrados na própria vida cotidiana. "Pássaro", por exemplo, é um conceito construído a partir da abstração das características que todos os pássaros têm em comum. Trata-se, por outro lado, de um exemplo de conceito muito menos abstrato que o de "revolução", uma vez que as características que todos os pássaros têm em comum, e que constituem o conceito de "pássaro", são facilmente observáveis ou mensuráveis. Já a elaboração do conceito de "revolução", conforme teremos oportunidade de verificar mais adiante, requer um grau maior de abstração que transcende a mera observação direta. Alguns autores chamam a este tipo de conceito construído a um nível de abstração mais elevado de *constructo**[59].

Enquanto o conceito propriamente dito tem os seus elementos mais imediatamente apreensíveis (por observação ou por mensuração), o constructo* não permite uma apreensão ou mensuração direta de suas propriedades ou aspectos essenciais, e muitas vezes tem de ser construído utilizando-se de outros conceitos, de menor nível de abstração, como materiais de base. Assim, "peso" é um conceito de nível mais direto de apreensão (já que os objetos se apresentam imediatamente à sensibilidade humana como "leves" ou "pesados"). "Volume" remete a apreensões imediatas que estão relacionadas ao espaço ocupado por um corpo. "Massa" é um conceito mensurável fisicamente com os instrumentos adequados (a massa de um corpo depende simultaneamente de quantos átomos ele contém e da massa individual destes átomos). "Densidade", contudo, é um conceito que necessita de um nível maior de abstração: pode ser definido no caso como uma "relação entre 'massa' e 'volume'" (massa ÷ volume). Nesta situação, a elaboração do constructo "densidade" necessitou da utilização dos conceitos de "massa" e "volume", de menor nível de abstração[60].

Retornando à ideia de "revolução", mais adiante veremos que este conceito necessita da utilização de outros materiais conceituais para a sua elaboração, construindo-se na combinação ou na relação entre conceitos e noções como os de "violência", "mudança", "liberdade", "movimento social", que de um modo geral são conceitos mais imediatamente apreensíveis (todos já estão familiarizados com a "violência" ou com a ideia de "mudança" a partir da sua própria vida cotidiana). Assim, mais rigorosamente, "revolução" seria um constructo*. Para simplificar, neste estudo chamaremos de "conceitos" às diversas elaborações

---

**59.** Ver, entre outros, Abraham KAPLAN. *A Conduta na pesquisa: metodologia para as ciências do comportamento*. São Paulo: Herder/Edusp, 1969.

**60.** Poderíamos prosseguir adiante na elaboração de novos constructos, cada vez mais complexos. O constructo "densidade relativa", por exemplo, refere-se à "densidade de uma substância particular comparada com a densidade da água". Portanto, é um constructo de nível ainda maior de abstração, pois requer a utilização do constructo "densidade", que por sua vez já havia relacionado os conceitos de "massa" e "volume".

## 5. Quadro Teórico

nos vários níveis de abstração, independentemente de serem constructos ou conceitos propriamente ditos.

Vimos acima que "revolução" ou "pássaro" são conceitos que sintetizam as características essenciais de fenômenos ou objetos do mesmo tipo. Mas vale lembrar que existem conceitos que não se referem propriamente a categorias gerais nas quais se enquadram objetos particulares, mas sim a propriedades, a processos ou situações generalizadas que ajudam a compreender o mundo circundante. O conceito darwiniano de "seleção natural", por exemplo, foi cunhado para representar um processo global relativo a um sistema de mútuas interações do qual participariam todos os seres vivos na sua luta pela sobrevivência. O conceito de "centralização política"* articula-se a uma certa maneira de ver o processo mediante o qual determinados poderes e atribuições de controlar e organizar a sociedade passam a se concentrar em torno de um núcleo estatal. O conceito de "imaginário"* procura dar conta de uma dimensão da vida humana associada à produção de imagens visuais, mentais e verbais, onde são elaborados "sistemas simbólicos" diversificados e onde se constroem "representações". Estes três exemplos ("seleção natural", "centralização", "imaginário") referem-se a conceitos que não produzem, necessariamente, sistemas de classificação. Da mesma forma, atributos ou propriedades podem ser conceituados, como "justiça", "liberdade", "densidade".

O importante é compreender que o conceito é uma *abstração* elaborada a partir da generalização de observações particulares. Sobretudo, é preciso ter em mente que o conceito é uma construção lógica que tem o objetivo de organizar a realidade para o sujeito que busca conhecê-la, mas não se devendo confundir a abstração conceitual com esta mesma realidade. Assim, os conceitos não existem como fenômenos reais, mesmo que tentem representar os fenômenos reais (a não ser, é claro, em teorias idealistas como a platônica, onde as ideias têm uma existência concreta para além do universo imaginário criado pelos homens na sua busca de compreender o mundo).

Não obstante, apesar de não possuir uma existência real, o conceito é um instrumento imprescindível não apenas para o conhecimento científico, como para a própria vida comum. Se os objetos e fenômenos não pudessem ser concebidos em termos de semelhanças e diferenças, com a ajuda dos conceitos, a ciência e uma série de outras atividades humanas fundamentais simplesmente não seriam possíveis. Neste sentido, o conceito é um mediador necessário entre o sujeito pensante e a realidade.

Em se tratando de "conceitos científicos", acrescentaríamos que o conceito deve possuir destacada clareza e suficiente precisão, uma vez que são eles que irão definir a forma e o conteúdo da teoria a ser construída pelo sujeito de conhecimento. Distingue-se, portanto, de outros instrumentos importantes mas certamente mais vagos e menos precisos na comunicação humana, como os "termos" – que são expressões que habitualmente passam a fazer parte do vocabulário de um campo disciplinar ou de um universo temático mas sem uma maior precisão conceitual. Poder-se-ia falar ainda das "noções", que são "quase conceitos", mas ainda funcionando como imagens de aproximação de um determinado objeto de conhecimento que ainda não se acham suficientemente delimitadas. É possível, neste sentido, que um estudioso crie uma "noção" e que, ao longo de diversos trabalhos científicos – seus e de outros – esta noção vá gradualmente se transformando em "conceito" ao se adquirir na comunidade científica uma consciência maior dos seus limites, da extensão de objetos à qual se aplica, e também ao se clarificar melhor o seu polissemismo interno com as consequentes escolhas dos estudiosos. Diga-se de passagem, os "termos" e "noções" mais importantes para um trabalho também podem e devem ser esclarecidos no Quadro Teórico de um Projeto. Serão igualmente "instrumentos" imprescindíveis para o estudioso, cumprindo notar que o conceito pode ser metaforicamente comparado a um "instrumento de alta precisão".

*

Compreendido o que é rigorosamente um "conceito", poderemos agora passar a pontuar o tipo de conteúdo que deve aparecer na sua definição, quando ela é registrada pelo pesquisador na sua Tese ou no seu Projeto de Pesquisa.

Do ponto de vista filosófico, todo conceito possui duas dimensões a serem consideradas: a "extensão" e a "compreensão" (às vezes também chamada de "conteúdo"). Chama-se "extensão" de um conceito precisamente ao grau de sua abrangência a vários fenômenos e objetos; e chama-se "compreensão" de um conceito ao esclarecimento das caracterís-

## 5. Quadro Teórico

ticas que o constituem. À medida que um conceito adquire maior "extensão", perde em "compreensão". Para deixar mais clara esta relação, exemplificaremos com um caso específico.

Quando se conceitua "revolução" como "qualquer movimento social que se produz de maneira violenta", dá-se a este conceito uma "extensão" muito grande, que passa a abranger diversos movimentos sociais mas que, em contrapartida, reduz a sua "compreensão" a dois elementos apenas ("movimento social" e "violento"). Quando definimos "revolução" como um movimento social que se produz de modo violento, implicando em mudanças efetivas nas relações sociais entre os grupos envolvidos, acrescentamos-lhe um elemento de "compreensão", mas diminuímos a sua extensão, já que proposto deste modo o conceito de "revolução" passa a abranger menos movimentos sociais (excluindo os que implicam em meras trocas de poder, mas sem produzir modificações reais na estrutura social, sem falar nas meras agitações sociais).

Hannah Arendt, no seu livro *Da Revolução*, combina alguns elementos essenciais à "compreensão" do seu conceito de "revolução". Para a autora, em primeiro lugar o conceito moderno de revolução "está inextrincavelmente ligado à noção de que o curso da História começa subitamente de um novo rumo, de que uma História inteiramente nova, uma História nunca antes narrada está para se desenrolar"[61]. Atores e espectadores dos movimentos revolucionários a partir do século XVIII passariam a ter uma consciência ou uma convicção muito clara de que algo novo estava acontecendo. É esta consciência do novo, da ruptura com o anterior, o que a autora considera essencial no moderno conceito de "revolução".

Desta forma, com este elemento essencial incorporado à "compreensão" do que chama de moderno conceito de Revolução, Hannah Arendt separa as autênticas revoluções, posteriores aos dois marcos modernos das revoluções "francesa" e "americana", de insurreições ou revoluções no sentido antigo, onde os homens pensavam nos seus movimentos políticos como restauradores de uma ordem natural que havia sido inter-

---

[61] Hannah ARENDT. *Da Revolução*, p.23.

rompida, e não como algo que visava à instituição do "novo"[62]. Percebe-se que esta ampliação da "compreensão" do conceito de "revolução" produziu, inversamente, uma restrição da "extensão" deste conceito, que passa a excluir uma série de movimentos sociais da designação proposta.

Prosseguindo na ampliação da "compreensão" do seu conceito de "revolução", Arendt acrescenta que esta sempre envolve o desejo de obtenção da "liberdade", noção incorporada dentro da definição de revolução e que a autora distingue muito claramente da noção de "libertação". Enquanto a "liberdade" é conceituada em torno de uma opção política de vida (implicando em participação das coisas públicas, ou em admissão ao mundo político), a "libertação" implica meramente na ideia de ser livre da opressão (por exemplo, quando se livra um povo de uma tirania intolerável, mas sem modificar-lhe fundamentalmente as condições políticas). Assim, embora a "libertação" possa ser a condição prévia de "liberdade", não conduziria necessariamente a ela. A noção moderna de "liberdade", pensada como direito inalienável do homem, diferia inclusive da antiga noção de "liberdade" proposta pelo mundo antigo, relativa "à gama mais ou menos livre de atividades não-políticas que um determinado corpo político permite e garante àqueles que o constituem".

Podemos ver, assim, que o conceito de revolução proposto por Hannah Arendt combina dois elementos essenciais, para além da mera mudança política matizada pela violência social, e mesmo da modificação na estrutura social. Devem estar presentes necessariamente a ideia de "liberdade", na moderna acepção já discutida, e a convicção dos próprios atores sociais de que o ato revolucionário instaura um "novo começo". Ampliada a "compreensão" do conceito para esta combinação de elementos (mudança política, violência, transformação social efetiva, liberdade política, convicção de um "novo começo"), a "extensão" de Revolução passa a enquadrar muito menos situações, excluindo uma série de movimentos políticos e sociais aos quais Hannah Arendt assim se refere:

---

62. Neste sentido, Hannah Arendt assinala que "a Revolução Gloriosa, o acontecimento em que, muito paradoxalmente, o termo encontrou guarida definitiva na linguagem histórica e política, não foi entendida, de forma alguma, como revolução, mas como uma reintegração do poder monárquico à sua antiga glória e honradez" (Hannah ARENDT, *op.cit*. p.34).

## 5. Quadro Teórico

> Todos esses fenômenos têm em comum com a revolução o fato de que foram concretizados através da violência, e essa é a razão pela qual eles são, com tanta frequência, confundidos com ela. Mas a violência não é mais adequada para descrever o fenômeno das revoluções do que a mudança; somente onde ocorrer mudança, no sentido de um novo princípio, onde a violência for utilizada para constituir uma forma de governo completamente diferente, para dar origem à formação de um novo corpo político, onde a libertação da opressão almeje, pelo menos, a constituição da liberdade, é que podemos falar de revolução[63].

Percebe-se, através do exemplo atrás discutido, que a conceituação científica deve ser muito mais rica e precisa do que a conceituação cotidiana. O conceito de "revolução" proposto por Hannah Arendt mostra-se muito mais enriquecido, ao propor uma ampliação da sua "compreensão" e uma redução da sua "extensão", do que o conceito banalizado proposto por um dicionário comum.

Assim, no *Dicionário Aurélio* (edição de bolso) pode-se ler no verbete "revolução" que esta é uma "rebelião armada; revolta; sublevação". Um tal conceito, com tamanha redução da sua "compreensão", mostra-se extensivo a um tal número de movimentos sociais, ou mesmo de golpes de Estado, ações criminosas e privadas, insurreições espontâneas e badernas, que muito pouco se poderia fazer com ele em termos de precisão sociológica e historiográfica[64]. Foi com uma "compreensão" assim reduzida do conceito de "revolução" que a Ditadura Militar de 1964, no Brasil, procurou afastar de si o estigma de que ali se tinha nada mais nada menos do que um articulado "golpe militar" direcionado para a conservação de antigos privilégios e para o abortamento de um movimento social e de consciência política que começava a se fortalecer. Admitidas estas características, o Golpe de 1964 encaixa-se mais na no-

---

63. Hannah ARENDT, *op.cit.* p.28.

64. É verdade que, na versão completa, o *Aurélio* acrescenta outras definições possíveis para além desta que coincide com a sua segunda definição proposta. A de número 4 é praticamente tão extensa quanto a segunda ("qualquer transformação violenta da forma de um governo"). Mas pelo menos a 3ª definição aproxima-se do âmbito sociológico ao mencionar a transformação social para além da mudança política ("transformação radical e, por via de regra, violenta, de uma estrutura política, econômica e social"). [Aurélio B. de HOLANDA. *Novo Dicionário da Língua Portuguesa*. Rio de Janeiro: Nova Fronteira, 1975].

ção de "contrarrevolução", ou pelo menos de "golpe de Estado", do que qualquer outra coisa[65].

Outro aspecto que pudemos examinar a partir do exemplo de Hannah Arendt é que, conforme já havíamos mencionado anteriormente, a elaboração de uma definição de conceito pode gerar a necessidade da especificação de novos conceitos, ou requerer novas definições como desdobramentos. Assim, uma vez que a autora inclui como elemento inerente ao conceito de "revolução" a ideia de "liberdade", preocupa-se em definir com muita precisão o que está entendendo por "liberdade", já que não se trata aqui da noção vulgar de liberdade. Deste modo, opõe este conceito ao de "libertação", também definido com precisão, além de apresentá-los dentro de um percurso histórico onde se examina a passagem da antiga noção de liberdade a uma noção já moderna. Também não faltam as referências teóricas e históricas pontuando um e outro caso.

Para confirmar ainda uma vez a diferença de qualidade entre a conceituação científica e a conceituação vulgar, basta comparar o conceito altamente elaborado de "liberdade política" em Hannah Arendt com a noção de "liberdade" que aparece registrada na versão de bolso do *Dicionário Aurélio*:

> **liberdade**. 1. Faculdade de cada um se decidir ou agir segundo a própria determinação. 2. Estado ou condição do homem livre.

Já nem será necessário lembrar que na definição 2 o Dicionário comete a inadequação lógica de definir uma palavra por ela mesma, dizendo que "liberdade é o estado ou condição do homem livre" (definição que não acrescenta nada), e que na definição 1 ("faculdade de cada um se decidir ou agir segundo a sua própria determinação") uma mesma sequência de palavras poderia se adaptar à ideia de "tirania" enquanto

---

[65]. Com relação ao conceito de golpe de Estado, valem as observações de Gianfranco Pasquino: "A revolução se distingue do golpe de Estado, porque este se configura apenas como uma tentativa de substituição das autoridades políticas existentes dentro do quadro institucional, sem nada ou quase nada mudar dos mecanismos políticos e socioeconômicos. Além disto, enquanto a Rebelião ou a Revolta é essencialmente um movimento popular, o golpe de Estado é tipicamente levado a efeito por escasso número de homens já pertencentes à elite, sendo, por conseguinte, de caráter cimeiro" (Gianfranco PASQUINO. "Revolução". In Norberto BOBBIO et alii, *Dicionário de Política*. Brasília: UNB, 2000. p.1121).

## 5. Quadro Teórico

modo de governar (o tirano também "age e decide segundo a sua própria determinação", particularmente sem consultar bases políticas e sociais).

Assim, para tornar a segunda definição de liberdade mais científica (já que a primeira não tem salvação), seria necessário acrescentar mais elementos, ampliando a sua compreensão e diminuindo a sua extensão. Está bem, "liberdade é a faculdade de cada um se decidir ou agir segundo a sua própria determinação"; mas com respeito a que tipo de ações, observando que tipos de limites no que se refere ao confronto com a liberdade do outro? Fazendo acompanhar as decisões e ações de que tipo de consciência? Não seria necessário nuançar também este último aspecto para distinguir o homem livre do homem louco (que por vezes tem a sua liberdade encerrada dentro das paredes de um hospício exatamente porque "decide e age segundo a sua própria determinação")? Ou seria o caso de dizer que "a liberdade é a faculdade *socialmente restringida* de decidir ou agir segundo a sua própria determinação"?[66] Como se vê, para tornar um conceito utilizável em um trabalho científico, é preciso lhe dar um tratamento mais elaborado.

Ainda com relação ao esforço de elaborar a "compreensão" de um conceito, deve-se destacar que um conceito mais amplo pode ir sendo desdobrado em sucessivas divisões conceituais. Assim, retomando o conceito mais amplo de "revolução", delineado de acordo com a "compreensão" proposta por Hannah Arendt, poderia ser o caso de se construir uma nova divisão conceitual, que cindisse a classe maior das revoluções em "revoluções burguesas" e "revoluções socialistas".

Por um lado todas as revoluções (de acordo com Arendt) possuem em comum certas características – como a mudança política brusca e violenta, a consecução ou o projeto de uma transformação social efetiva, a presença da ideia de "liberdade política" para além da mera "libertação", e a convicção de um "novo começo" por parte dos atores sociais.

---

[66]. Na verdade, a versão completa do *Dicionário Aurélio* acrescenta, para além da definição proposta pela versão de bolso, pelo menos uma definição mais sofisticada (a de número dois), onde se diz que liberdade é "o poder de agir, no seio de uma sociedade organizada segundo a própria determinação, dentro dos limites impostos por normas definidas" (Aurélio Buarque de HOLANDA. *Novo Dicionário da Língua Portuguesa*. Rio de Janeiro: Nova Fronteira, 1975).

## O Projeto de Pesquisa em História

Este conjunto de atributos independe de estas revoluções serem "revoluções burguesas" ou "revoluções socialistas".

Por outro lado, no que se refere à participação ou ao tipo de participação de determinados atores ou classes sociais no processo de luta, e também ao seu resultado ou intenções em termos da organização social alcançada ou a alcançar, podem começar a ser entrevistas as diferenças entre as "revoluções burguesas" (conduzidas pelas classes enquadradas dentro da burguesia e almejando uma sociedade fundada na propriedade privada individual e na expansão capitalista) e as "revoluções socialistas", conduzidas por lideranças operárias ou camponesas e motivadas pela possibilidade da dissolução das formas de propriedade típicas da sociedade burguesa (isto é, considerando-se a conceituação de "revolução socialista" habitualmente proposta pelo marxismo).

Seria possível continuar conduzindo desdobramentos conceituais como estes. Cindir, por exemplo, a classificação das "revoluções socialistas" entre aquelas que tiveram uma participação mais ativa do proletariado (como a Revolução Russa) e as que tiveram uma participação mais ativa do campesinato (como a Revolução Chinesa). Estaríamos deste modo elaborando "compreensões" mais amplas e "extensões" mais restritas que se desdobrariam nos novos conceitos de "revolução socialista proletária" e "revolução socialista camponesa". Cada um destes desdobramentos conceituais passa a se restringir a um número menor de casos que, em contrapartida, seriam compreendidos de maneira mais rica.

Mas chega um momento em que a operação de ampliar a "compreensão" de um conceito e de reduzir a sua "extensão", ou de desdobrar um conceito mais amplo em novas subdivisões conceituais, atinge os seus limites. Saímos do plano generalizador de "revolução", para entrar no plano particularizador de cada revolução específica. Se a Revolução Chinesa e a Revolução Albanesa podem ser caracterizadas como "revoluções socialistas camponesas", o evento da "Grande Marcha" foi uma especificidade histórica da Revolução Chinesa. Descrever os vários processos e eventos inerentes a este acontecimento único e irrepetível que foi a Revolução Chinesa já não é mais da esfera da conceituação. Não se pode conceituar a Revolução Chinesa; pode-se enumerar as suas características, descrever aspectos essenciais do seu desenrolar histórico, e assim por diante. Descrições e definições não-conceituais também são

## 5. Quadro Teórico

necessárias aos estudos históricos e sociológicos, mas são de outra natureza que não a das operações da conceitualização.

Cumpre, portanto, extrair um ensinamento do exemplo acima. A definição proposta para um conceito não deve ser nem excessivamente ampla, nem demasiado estreita, existindo uma medida mais ou menos adequada que o autor deve se esforçar por atingir. Definir "revolução" de maneira exageradamente ampla, fazendo-a significar "qualquer movimento social armado", seria tão problemático quanto definir "revolução" de maneira extremamente estreita, a tal ponto que dentro desta designação só coubesse um único exemplo histórico de revolução. Tais procedimentos são inúteis do ponto de vista científico.

Um exemplo aparentemente mais simples poderá iluminar a questão. "Homem" não pode ser definido simplesmente como um "mamífero bípede", já que existem inúmeros outros animais que são mamíferos bípedes mas que não são homens; também não pode ser definido como "um animal que habita cidades construídas por ele mesmo", já que existem homens que vivem no campo e não em cidades, sem falar nas sociedades humanas que não investiram na urbanização (como os povos indígenas brasileiros ou os aborígenes australianos). Neste último caso a "expressão definidora" foi demasiado estreita (mais estreita que a essência do "termo a definir") incluindo uma característica que não é *essencial* ao gênero humano, mas apenas *eventual* (a urbanidade). Já no primeiro caso a "expressão definidora" foi mais ampla do que a essência do "termo a definir", mencionando apenas uma combinação de duas características que não pertence exclusivamente ao gênero "homem" (mamífero bípede).

Quem sabe se a definição do "homem" como "construtor de cidades" não poderia ser melhorada dando-se uma maior extensão ao aspecto *faber* (construtor) registrado na "expressão definidora" proposta? O homem seria então definido como "um animal que constrói" (não apenas cidades, mas também ocas como os indígenas, e também ferramentas, armas, utensílios). Ou, na mesma linha, poderia se tentar uma definição adaptada daquela que foi proposta por Marx e Engels: "o homem é o único animal capaz de produzir as suas próprias condições de existência"[67].

---

[67]. "Pode-se distinguir os homens dos animais pela consciência, pela religião, pelo que se queira. Eles mesmos começam a se distinguir dos animais tão logo começam a *produzir* os seus meios de vida, um passo condicionado pela sua organização corporal. Ao produzirem os seus meios de vida, os homens produzem indiretamente a sua vida material mesma" (*A Ideologia Alemã*).

Definição que, se por um lado registra a inserção do homem no mundo animal, por outro lado o diferencia como animal capaz de produzir inventivamente as suas próprias condições de vida, interferindo na natureza. Mas então sempre surgiria alguém para dizer que o pássaro joão-de-barro também constrói o seu ninho, ou um castor a sua represa, de modo que seria preciso acrescentar que o homem produz os seus meios de vida *transformando* os materiais que a natureza oferece, e não apenas coletando-os[68]. Estes tateamentos em busca de uma definição mais ajustada mostram as imprecisões que os estudiosos devem enfrentar diante da aventura de conceituar e de definir.

Uma lição, ainda, pode ser colhida dos exemplos até aqui discutidos: nenhum conceito é definitivo, sendo sempre possível redefini-lo. Se Hannah Arendt definiu "revolução" a partir do seu caráter originário de movimento social, operando sucessivos recortes na sua extensão, o mesmo conceito pode adquirir um enfoque bem diferente, mas igualmente válido, como aquele proposto por Krzystof Pomian:

> Efetivamente, qualquer revolução não é mais que a perturbação de uma estrutura e o advento de uma nova estrutura. Considerada neste sentido, a palavra "revolução" perde o seu halo ideológico. Já não designa uma transformação global da sociedade, uma espécie de renovação geral que relega para a sua insignificância toda a história precedente, uma espécie de ano zero a partir do qual o mundo passa a ser radicalmente diferente do que era. Uma revolução já não é concebida como uma mutação, se não violenta e espetacular, pelo menos dramática; ela é, muitas vezes, silenciosa e imperceptível, mesmo para aqueles que a fazem; é o caso da revolução agrícola ou da revolução demográfica. Nem sequer é sempre muito rápida, acontece que se alongue por vários séculos. Assim (como o demonstram François Furet e Mona Ozouf), uma estrutura cultural caracterizada pela alfabetização irrestrita foi substituída por outra, a da alfabetização generalizada, no decurso de um processo que, em França, durou cerca de trezentos anos[69].

---

[68]. Note-se que, mesmo quando os homens organizam-se em comunidades de coletores, costumam utilizar-se para a coleta de instrumentos e utensílios por eles mesmos fabricados.

[69]. K. POMIAN. "A História das Estruturas". In J. LE GOFF, R. CHARTIER e J. REVEL (orgs.). *A Nova História*. Coimbra: Almedina, 1990. p.206.

## 5. Quadro Teórico

"Revolução", segundo a "compreensão" proposta por Pomian, já não é necessariamente uma mudança brusca ("acontece que se alongue por vários séculos") ou sequer violenta ("ela é muitas vezes silenciosa e imperceptível"). Tampouco é concebida como um novo começo ("essa espécie de ano zero a partir do qual o mundo passa a ser radicalmente diferente do que era"). Por outro lado, implica necessariamente na passagem de uma "estrutura" a outra. Desta forma, associada ao conceito de "estrutura" tal foi como proposto pelos historiadores dos *Annales*, "revolução" passa a ter a sua "extensão" aplicável a uma série de outros fenômenos para além dos movimentos políticos, como a "revolução agrícola" ou a "revolução demográfica".

Pode-se dar que o polissemismo possível de um conceito esteja presente em um mesmo autor, mas referindo-se a situações diversas. Em Marx e Engels, por exemplo, ocorre que às vezes – como em *A Ideologia Alemã* – a expressão "revolução" apareça relacionada com o salto de um modo de produção para o seguinte[70]. Neste sentido, portanto, também pode incorporar fenômenos como a "revolução agrícola" ou a "revolução urbana", de maneira similar ao enfoque de Pomian. Mas Marx e Engels também empregam a expressão "revolução" no seu sentido mais propriamente político, referindo-se especificamente a movimentos sociais – o que implica em um enfoque mais próximo do proposto por Hannah Arendt, embora bem mais flexível (ou "extenso")[71].

É preciso notar, ainda, que dois autores podem elaborar um conceito a partir de uma "compreensão" idêntica ou muito próxima, e no entanto diferirem na sua concepção concernente à "extensão" deste conceito, no que se refere a quais os casos observáveis que se enquadrariam neste conceito. Assim, Gianfranco Pasquino, encarregado de compor o verbete "revolução" para o *Dicionário de Política* coordenado por Norbert Bobbio, não deixa de chegar a uma "compreensão" deste conceito bastante compatível com a de Hannah Arendt, uma vez que nela combina os

---

70. A ideia de "revolução" como substituição de um modo de produção por outro tornou-se típica do marxismo economicista da Segunda Internacional. O texto fundamental de Marx que autoriza este uso conceitual é o "Prefácio" da *Contribuição à Crítica da Economia Política*, de 1859.

71. Assim, movimentos sociais que não seriam considerados como "revoluções" por Arendt, como a Revolução Gloriosa ou alguns movimentos sociais do século XVI, são referidos como tais por Marx e Engels em obras diversas.

aspectos da violência, da intenção de promover efetivamente mudanças profundas nas relações sociais, além do aspecto relativo ao sentimento do novo[72]. No entanto, no exame dos casos empíricos – isto é, na avaliação de que processos históricos se enquadrariam na categoria "revolução" – discorda da afirmação de que a Revolução Americana tenha sido efetivamente uma Revolução, preferindo enxergá-la como uma "subespécie da guerra de libertação nacional"[73]. Por outro lado, já admite que a Revolução Francesa teria introduzido uma mudança no conceito de "revolução", passando-se à fé na possibilidade da criação de uma ordem nova. Assim, apesar de uma "compreensão" relativamente próxima ou compatível de um mesmo conceito, os dois autores divergem no que se refere ao ajuste dos casos concretos à "extensão" atribuída a este conceito.

Estes exemplos, entre tantos outros que poderiam ser relacionados, são suficientes para mostrar que, ao procurar precisar os conceitos que irá utilizar, o estudioso pode ter diante de si uma gama relativamente ampla de alternativas. É esta variedade de possibilidades – verdadeira luta de sentidos diversos que se estabelece no interior de uma única palavra – o que torna desejável uma delimitação bastante clara do uso ou dos usos que o autor pretende atribuir a uma determinada expressão-chave de seu trabalho.

Para além do estabelecimento preciso da sua "compreensão" e "extensão" deve-se salientar ainda que a elaboração da definição de um conceito no Quadro Teórico também pode incorporar articulações intertextuais. Pode ser que seja oportuno, por exemplo, incluir uma referência teórica ou autoral no texto de uma definição.

Por exemplo, "utilizaremos a expressão 'intelectual orgânico' no mesmo sentido proposto por Gramsci, aplicando-se àqueles que, saídos

---

**72.** Além disto, incorpora implicitamente o fator da "liberdade" no mesmo sentido compreendido por Arendt ao distinguir a revolução da mera luta de libertação (Gianfranco PASQUINO. "Revolução". In Norberto BOBBIO *et alii*. *Dicionário de Política*. Brasília: UNB, 2000. p.1125). Por outro lado, Pasquino restringe um pouco mais a "compreensão" do seu conceito ao referir-se à revolução como uma "tentativa" de mudanças, e não como movimentos sociais *necessariamente* bem-sucedidos. A este respeito, menciona o subconceito de "revolução frustrada". Já Arendt refere-se exclusivamente a movimentos sociais bem-sucedidos quando busca exemplos de revoluções.

**73.** Gianfranco PASQUINO, *op.cit.* p.1125.

## 5. Quadro Teórico

de dentro de um grupo social específico, representam os interesses de sua própria classe social". Ou então: "denominaremos 'liberdade', incorporando alguns desenvolvimentos propostos por Hannah Arendt, como uma situação complexa que inclui não apenas a faculdade socialmente restringida que é atribuída ao indivíduo para decidir ou agir segundo a sua própria determinação, mas também a sua *admissão ao mundo político*".

Quando se trata de um autor conhecido como Gramsci ou Hannah Arendt, não é necessário acrescentar nenhuma outra indicação além de seu nome (a não ser que se queira puxar uma nota de rodapé para indicar com precisão a obra de onde foi extraído o conceito ou núcleo de pensamento)[74]. Mas em se tratando de um autor menos familiar, talvez convenha acrescentar um aposto ou puxar uma nota de rodapé esclarecedora, registrando alguns dados deste autor para o leitor (inclusive a sua filiação teórica).

Assim, suponhamos a seguinte definição conceitual: "empregaremos a noção de *'excepcional' normal* com o mesmo sentido utilizado por Edoardo Grendi, ou seja, para tratar daquela espécie de casos que, embora estatisticamente pouco frequentes, destacam-se da massa dos dados disponíveis de maneira relevante e significativa, funcionando como indícios de uma realidade oculta que a documentação, de um modo geral, não deixa transparecer".

O conceito de "excepcional normal" tem sido operacionalizado pela corrente historiográfica denominada Micro-História*. No caso da definição acima proposta para este conceito, ela foi elaborada a partir de uma intertextualidade* relacionada a uma formulação do micro-historiador Edoardo Grendi[75]. Pela definição dada como exemplo, reduziu-se a "compreensão" do conceito "excepcional normal" aos atributos "estatisticamente pouco freqüente" e "oculto na documentação", mas tam-

---

[74]. É verdade que um autor como Gramsci pode ser um nome familiar em um domínio do conhecimento, como a História, e menos conhecido em outro, como o Direito. Para se decidir que comentários explicativos acrescentar a um texto, é fundamental levar em consideração o tipo de público que se espera ter como leitor, ou a que campos de conhecimento o seu trabalho interessa.

[75]. E. GRENDI. "Microanalisi e storia sociale". In *Quaderni storici*, 35. Roma: maio-agosto 1977, p.512.

bém aos atributos "significativo e relevante", além de "capaz de dar a perceber uma realidade mais ampla". Dito de outra maneira, utiliza-se o conceito "excepcional normal" para a identificação de certos detalhes aparentemente gratuitos que aparecem em uma documentação, mas que apesar disto dão acesso a uma realidade mais ampla.

Com relação às marcas de intertextualidade explicitadas pela definição proposta, convém considerar que Edoardo Grendi é um autor bem menos familiar fora dos círculos da Micro-História do que Hannah Arendt ou Gramsci, que são bem conhecidos dos leitores de História em geral. Neste caso pode ser interessante puxar uma nota de rodapé junto à referência a Grendi, explicando que este historiador trabalha junto à perspectiva da Micro-História* italiana, esta que se propõe a uma tentativa de reconstituir o vivido a partir de uma escala reduzida de observação e que se coloca atenta a pequenas realidades cotidianas, aos indivíduos anônimos, aos detalhes que passam mais desapercebidos, à documentação despretensiosa, e assim por diante. Com isto, a definição conceitual adquirirá um enquadramento teórico mais preciso, além de remeter o leitor a referências intertextuais que ele poderia desconhecer.

Ainda com relação aos aspectos redacionais de um conceito, convém ressaltar que uma definição deve valer para todos os sujeitos e objetos que se incluem no âmbito da coisa definida, e só para estes sujeitos e objetos (ou, utilizando uma linguagem mais filosófica, a definição deve ser *conversível ao definido*). Assim, no exemplo acima extraído de um dicionário, a definição de "liberdade" proposta não valia somente para os sujeitos socialmente integrados que estavam incluídos no seu âmbito, mas também para os tiranos e para os loucos (e mais ainda para os tiranos do que para os homens meramente livres).

Da mesma forma, dizer que a definição deve ser "conversível ao definido" implica na ideia de que, uma vez que se considere que as revoluções francesa, americana e chinesa são exemplos autênticos de "revolução", todos os elementos que se combinam para produzir a minha definição generalizada de "revolução" devem aparecer em cada um destes exemplos particulares de revolução, mesmo que cada um destes exemplos tenha as suas próprias singularidades em relação aos outros.

"Compreensão"; "extensão"; "generalização"; "clareza" e "precisão" na exposição de seus termos; "conversibilidade" a todos os casos que

## 5. Quadro Teórico

se pretendam ajustar ao seu âmbito; "argumentação complexa" que supere as noções mais vulgarizadas da linguagem cotidiana; "ajuste teórico coerente" e, se possível, com "referências intertextuais" – é isto o que se espera dos conceitos a serem discutidos no Quadro Teórico de um Projeto, ou na própria Tese.

Para além disto, pode ser boa medida esclarecer como o conceito discutido articula-se ao objeto de Pesquisa, quais as justificativas e as vantagens de sua escolha. Neste momento sim, seria oportuno discutir o caso particular nas suas singularidades, falar sobre a Revolução Francesa e não mais sobre a "revolução". Já não se está empreendendo mais, como atrás foi dito, uma análise do conceito, mas sim uma análise da sua aplicação a um caso específico, que é precisamente aquele que interessa à Pesquisa.

# 6
# HIPÓTESES

## 6.1. Hipóteses: sua natureza e importância

Em uma pesquisa que se destina a produzir um texto em modelo de Tese, a Hipótese desempenha uma importância fundamental. Vejamos, em primeiro lugar, o que significa "hipótese" do ponto de vista da Filosofia e da Ciência, ou mesmo na vida cotidiana, para depois tentar compreender a posição por ela ocupada na pesquisa científica e o seu lugar em um Projeto.

Conforme já se discutiu na primeira parte desta obra, a investigação científica no Ocidente tem se edificado basicamente em torno da intenção de resolver "problemas" bem delineados, que grosso modo constituem o ponto de partida do próprio processo de investigação. Com a História, desde que ela assumiu o projeto de ser uma ciência, não tem sido muito diferente. Isto se tornou, aliás, cada vez mais característico da historiografia ocidental – sobretudo a partir do século XX, quando se superou a História Narrativa ou Descritiva do século XIX em favor de uma "História-Problema". Já não existe sentido, para a historiografia profissional de hoje, em narrar simplesmente uma sequência de acontecimentos, se esta narrativa não estiver *problematizada*.

A formulação de hipóteses, no processo de investigação científica, é precisamente a segunda parte deste modo de operar inaugurado pela formulação de um problema. Antes de mais nada, a hipótese corresponde a uma resposta possível ao problema formulado – a uma suposição ou solução provisória mediante à qual a imaginação se antecipa ao conhecimento, e que se destina a ser ulteriormente verificada (para ser confirmada ou rejeitada).

# 6. Hipóteses

A hipótese é na verdade um recurso de que se vale o raciocínio humano diante da necessidade de superar o impasse produzido pela formulação de um problema e diante do interesse em adquirir um conhecimento que ainda não se tem. É um fio condutor para o pensamento, através do qual se busca encontrar uma solução adequada, ao mesmo tempo em que são descartadas progressivamente as soluções inadequadas para o problema que se quer resolver.

Um exemplo extraído da vida cotidiana poderá ajudar a esclarecer este uso das hipóteses ao longo de um raciocínio que visa resolver ou esclarecer um problema. Suponhamos que em uma determinada noite alguém está assistindo a um programa de televisão, com as luzes apagadas, e que de repente a imagem do aparelho de TV se apaga, interrompendo o filme e deixando a sala às escuras, já que o televisor era o único foco de iluminação. Diante desta perturbação, o dono da casa formula um problema claramente delineado: o que terá levado a televisão a se apagar?

Para sair deste impasse, ele formula uma primeira hipótese. Talvez a tomada do televisor tenha se soltado da parede, interrompendo o fluxo de energia. É uma hipótese que pode ser facilmente verificada. Ele se levanta e vai até a tomada, quando verifica imediatamente que ela ainda está lá, corretamente conectada. Descartada esta hipótese, ele formula uma outra. Talvez tenha sido o tubo de imagens do televisor que, já antigo, não resistiu mais esta noite.

Como não entende de eletrônica, e não poderá verificar diretamente esta nova hipótese examinando os circuitos internos do aparelho de TV, o dono do televisor tem a ideia de caminhar até o interruptor da sala para acender a luz: se a luz se acender, é porque o problema é somente com a televisão (e neste caso será preciso chamar no dia seguinte um técnico, para saná-lo). Mas se também a luz da sala não se acender, por hipótese haverá um problema com a energia geral do apartamento, e o desligamento do televisor será apenas um de seus aspectos. Ele se levanta e, ao testar o interruptor, verifica que a luz não se acende, demonstrando que a hipótese válida é mesmo a de que a interrupção da imagem da TV corresponde a uma interrupção na energia do apartamento.

Mas o que terá ocasionado então a interrupção de energia globalmente no apartamento? O problema continua colocado e clamando por soluções (ou, melhor dizendo, o problema é agora *recolocado* em termos mais precisos: não se trata de um problema só com o televisor, mas sim com o apartamento na sua totalidade). Quem sabe não foi o fusível geral do apartamento que se queimou? Eis aqui uma nova hipótese, da qual se pode verificar a exatidão de sua proposição através de um método ou operação bastante simples: substituir o disjuntor antigo, que hipoteticamente teria se queimado, por um novo. Feita a substituição, percebe-se que a luz continua apagada, e que portanto esta nova hipótese formulada não resistiu à verificação.

Quem sabe, então, se a luz do apartamento não foi cortada por falta de pagamento à Companhia de Energia Elétrica? O método para verificar esta hipótese é rapidamente encontrado: através de uma ligação telefônica o dono do apartamento verifica junto a um serviço de gravações da Companhia de Energia Elétrica que os seus pagamentos estão em dia, e que portanto a sua energia não foi cortada por este motivo (também poderia ter comprovado isto por outro método: o de examinar os seus recibos bancários para verificar se estavam em dia). Se tivesse vingado a hipótese do corte de energia elétrica por falta de pagamento, as ações do investigador tomariam um novo rumo: seu novo problema seria o de sanar esta situação, o que poderia ser feito no dia seguinte pagando a conta de luz em um banco. Mas como não foi o caso, permanece em aberto a indagação sobre as verdadeiras razões da interrupção de energia, e a investigação prosseguirá neste mesmo rumo.

Uma última hipótese é a de que o problema não seja só com o seu apartamento, mas com todos os apartamentos daquela rua. Por algum motivo, pode ter sido interrompido o fornecimento de energia elétrica àquele setor da cidade. O primeiro método para verificar isto é levantar as persianas para examinar a vizinhança. Realmente, ele percebe em um relance de olhos que não há iluminação em nenhum dos prédios de sua rua. Confirma-se a hipótese de que existe realmente um problema mais geral no fornecimento de energia elétrica. Para se aproximar de uma compreensão ainda mais plena da extensão do problema, ele se utiliza novamente do telefone e, entrando em contato com outro setor da Companhia de Eletricidade, recebe de um funcionário a informação precisa de que ocorreu um acidente que afetou a fiação que fornece eletricidade àquele setor da cidade, mas que dentro de vinte minutos este impedi-

## 6. Hipóteses

mento já estará resolvido. O problema chegou ao fim, depois de terem sido testadas algumas hipóteses e se verificado que uma delas correspondia à realidade.

Este exemplo, imaginado a partir de uma situação da vida cotidiana, permitirá esclarecer alguns aspectos sobre a utilização de hipóteses. Em primeiro lugar, pudemos perceber que todas as hipóteses são *provisórias*. Elas foram formuladas na tentativa de antecipar uma solução possível ao problema, e foram submetidas em seguida a um *processo de verificação* que buscou comprová-las ou rejeitá-las. Rejeitada, uma hipótese cede lugar a outra mais verossímil, que será submetida também a um processo de verificação. Deste modo, a formulação de uma Hipótese não inclui uma garantia de verdade.

Nesta mesma linha, deve ser considerado que a Hipótese *não é uma evidência*, mas sim uma suposição. Se o vidro do tubo de imagens tivesse se partido em pedaços quando ocorreu a interrupção da imagem, ficaria evidente de maneira imediata e óbvia que o problema ocorrera com o televisor, e não com o fornecimento de luz. Isto não seria mais uma hipótese, mas uma afirmação incontestável que não tem qualquer necessidade de verificação, por ser demais evidente. Trata-se antes de um "enunciado empírico"* de comprovação direta e imediata. Uma hipótese, ao contrário, é uma sentença que se propõe para um teste de verificação, ou que traz consigo possibilidades efetivas de ser verificada. Nisto a Hipótese também se distingue da mera Conjectura*, que, embora também não corresponda a uma evidência imediata, não se pode ou não se pretende submetê-la a verificação.

Para o exemplo proposto, foi possível refutar a hipótese do corte por falta de pagamento através de um telefonema. Mas imaginemos que também as linhas de telefone não estivessem funcionando, ou que o apartamento não tivesse um telefone que pudesse ser utilizado. Neste caso, como a suposição não poderia ser verificada, não passaria de mera "conjectura". Para que uma simples conjectura salte para a qualidade de hipótese é preciso que ela traga consigo as possibilidades de uma verificação sistemática.

A formulação da suposição de que existe vida em Saturno, por exemplo, constitui no atual estado do conhecimento humano uma mera conjectura, que pode ser feita pelos autores de ficção científica. Ela só poderá passar a ser uma hipótese quando surgirem meios efetivos que permitam comprová-la. Se um dia for confirmado, de maneira definitiva e incontestável, que existe efetivamente vida no planeta Saturno, a afirmação deixará de ser uma hipótese e passará a constituir um conhecimento adquirido. Também ocorrem casos em que uma hipótese comprovada (ou aparentemente comprovada) passa a ser aceita como uma "lei" em um determinado sistema científico (a "seleção natural" é uma "lei" para os darwinistas).

Voltando ao exemplo atrás proposto, pudemos perceber que, para ser verificada, foi utilizado para cada hipótese um *método* específico. Por exemplo, para verificar se a queda de energia não se deu em virtude da queima de um fusível, procedeu-se à sua substituição por um outro. Houve também momentos em que mais de um método poderia ter sido usado, alternativamente, para confirmar ou rejeitar uma hipótese. Por exemplo, para verificar se o fornecimento de luz não foi interrompido por falta de pagamento, tanto se poderia utilizar o método de consulta junto à Companhia de Eletricidade como o método de checar os recibos bancários para verificar se todos os pagamentos estavam em dia. Para verificar se o problema era só com o apartamento, tanto se pôde examinar a vizinhança para verificar se não havia problemas similares com os demais apartamentos da rua como se pôde consultar por telefone a Companhia de Eletricidade.

Uma hipótese, conforme a sua natureza, encaminha o pesquisador para a utilização destes ou daqueles métodos (não necessariamente um apenas, mas de qualquer modo sempre métodos adequados ao tipo de hipótese proposta). Portanto, é ela que em última instância orienta o pesquisador na escolha dos métodos[76].

Da mesma maneira, a utilização de hipóteses no exemplo considerado permitiu ao investigador que este desenvolvesse uma linha de ação concreta, desfazendo uma situação de imobilidade inicial. Dito de outra forma, cada hipótese forneceu a seu tempo uma *direção para a pesquisa*. Mesmo quando não comprovada, cada hipótese testada mostrou ser

---

[76]. Por isto, do ponto de vista formal mais rigoroso, o lugar mais apropriado do capítulo de Hipóteses em um Projeto é antes do capítulo relativo à Metodologia, já que os métodos dependerão em boa medida das hipóteses formuladas.

## 6. Hipóteses

um eficiente instrumento para o encaminhamento da pesquisa, permitindo que se chegasse, ao final de um processo dedutivo de hipóteses interligadas, à solução definitiva do problema.

Ainda com relação aos processos de verificação de cada hipótese, vimos que estes puderam ser encaminhados em alguns casos através da *observação* de suas possíveis consequências (examinando dados empíricos como a correta conexão da tomada do televisor ou como a presença de outras luzes apagadas nos edifícios da vizinhança). Assim, para que o problema fosse só com o televisor, seria necessário que nenhum outro eletrodoméstico tivesse sido afetado. Da mesma forma, se o problema fosse só com o apartamento, o restante da vizinhança não deveria estar afetado. Portanto, examinando-se a *consequência* que seria necessária para que uma hipótese fosse verdadeira e observando que empiricamente os dados não a confirmavam, pôde se deduzir que a hipótese geradora seria falsa. Ou, ao contrário, se ao ser examinada a consequência necessária da hipótese fosse verificado que ela ocorre, ter-se-ia o sinal de uma possível veridicidade da hipótese, ou ao menos uma sinalização para continuar a investigação nesta direção.

Para dar um exemplo já dentro do campo da História, suponhamos a hipótese de que, "no século XVIII, o período revolucionário francês foi precedido por uma alta secular e geral de preços". Para que esta hipótese seja rigorosamente verdadeira, é preciso que o preço do trigo em Marselha tenha tido uma alta no período, que o preço dos cereais na Provença tenha sofrido aumentos análogos, e assim por diante. Caso contrário, não teria ocorrido efetivamente uma alta *geral* dos preços. Se também em um certo número de cidades a alta de preços tiver correspondido apenas às duas últimas décadas do século, neste caso também não teria ocorrido uma alta *secular* dos preços. A afirmação de que ocorreu uma alta de preços simultaneamente *geral* e *secular* deve resistir nestes casos a um exame da verificabilidade das consequências que esta afirmação hipotética implicaria (*generalidade* relativa aos produtos e *secularidade* em relação à abrangência do recorte temporal). Em suma: para que tal ou qual hipótese seja verossímil, é preciso que *todas* as suas consequências necessárias se mostrem confirmáveis com dados empíricos.

Retomemos o exemplo da falta de energia atrás aventado. Naquele caso, outro meio além da *observação* pôde ser utilizado para a verificação das hipóteses. Tratou-se, em um caso ou outro, de proceder também à *experimentação*. Foi o caso, por exemplo, quando se experimentou um fusível no lugar do outro para ver se este não estava queimado. A experimentação é uma espécie de intervenção do pesquisador na realidade. Enquanto na observação o pesquisador examina os fenômenos nas condições em que eles se apresentam, na experimentação o pesquisador examina os fenômenos em condições determinadas ou produzidas por ele mesmo. É a diferença entre *observar* a realidade através da janela do apartamento e *experimentar* uma peça no lugar de outra para ver se há um defeito com a primeira.

*Experimentação* e *observação sistemática*, diga-se de passagem, são os dois procedimentos básicos utilizados nos métodos científicos. Ciências como a Física ou a Química costumam empregar frequentemente a experimentação. Ciências como a História costumam se ater aos processos de observação sistematizada (neste caso, examinando dados obtidos das fontes e analisando-os com métodos diversos)[77].

Examinemos até aqui o que já sabemos sobre as Hipóteses, não mais considerando o seu uso na vida cotidiana, mas sim na Filosofia e na Ciência. Sabemos por exemplo o que a Hipótese *não* é. Ela não é um mero enunciado empírico (embora possa ser comprovada precisamente pela investigação de um enunciado empírico)[78]. A hipótese também não é uma evidência incontestável, e é por isto mesmo que necessita de demonstração. Neste sentido, a Hipótese difere do Axioma*, que na linguagem filosófica corresponde a um princípio indemonstrável mas considerado imediatamente evidente por todos aqueles que lhe compreendem o sentido.

---

77. Por outro lado, existem experiências que não deixam de ser tentativas de introduzir a experimentação na História, como as empreendidas pela historiografia que lida com a Econometria e com a utilização de variáveis contrafatuais (como na chamada *New Economic History* que surgiu a partir de 1960). Sobre estas possibilidades contrafatuais na Nova História Econômica, ver: (1) E.H. HUNT. "The new economic history: Professor Fogel's study of the American railways". In History, vol. LIII, n° 177, fevereiro de 1968; (2) Ernest NAGEL. "Os Condicionais Contrafatuais". In *The Structure of Science, Problems in the Logic of Scientific Explanation*. New York: Harcourt Brace Janovich, 1961.

78. "A tomada está desligada" é mero enunciado empírico. Já "a televisão não está funcionando porque a tomada está desligada" é uma hipótese, que poderá ser encaminhada para uma corroboração quando for confirmada a veridicidade da afirmação de que "a tomada está desligada".

## 6. Hipóteses

Assim, não é uma hipótese a afirmação de que "todos os homens são mortais" (no sentido da conservação do corpo físico). Não temos aqui uma hipótese porque, por um lado, esta afirmação seria indemonstrável (para demonstrá-la seria preciso matar todos os homens, e não sobraria nenhum para concordar com a demonstração). Por outro lado, esta afirmação tem uma dimensão axiomática, já que ela parece evidente a qualquer um pelo simples fato de que não se conhece o caso de nenhum homem que, depois de determinado período de vida, tenha escapado à morte do corpo físico.

A Hipótese, por outra parte, é mais do que uma Conjectura*, já que está ligada à ideia de que pode ser submetida a um processo de *verificação*, onde se poderá comprovar ou refutar a sua veridicidade. Dizer que existiu uma sociedade em algum ponto do passado que foi chamada Atlântida e que submergiu sob as águas devido a um grande cataclismo seria, no atual estado dos conhecimentos científicos, mera conjectura, uma vez que não existe ao que se saiba nenhum elemento historiograficamente aceitável para comprovação desta afirmação.

Para que uma conjectura salte para o *status* de hipótese é preciso que haja meios ou possibilidades de comprová-la; em História isto está ligado à presença de fontes, e às possibilidades efetivas de submetê-las a uma análise mais sistemática para posterior interpretação. As conjecturas têm menor valor científico. Elas só são admitidas para preencher os espaços vazios do conhecimento que sequer as hipóteses conseguiram preencher, e mesmo assim existe uma tendência na atitude científica ocidental em rejeitar o uso de meras conjecturas dentro de uma explicação científica[79].

A Hipótese deve portanto se conservar equidistante em relação à "ficção" livremente concebida e aos "fatos" evidentes ou inquestionavelmente comprovados. Ela está neste "caminho do meio": traz em si o potencial imaginativo da ficção (mas sempre partindo de bases verossí-

---

**79.** Carlo GINZBURG discute a possibilidade de preencher as lacunas da documentação com a imaginação histórica e com o uso de conjecturas, desde que fique esclarecido na obra quando se tratam de trechos conjecturais, separando-os das partes demonstradas (C. GINZBURG. "Provas e possibilidades à margem de 'il ritorno de Martin Guerre', de Natalie Zemon Davis". In *A Micro-História e outros ensaios*. Lisboa: DIFEL, 1991. p.179-202).

meis e fundamentadas), e a possibilidade de ser comprovada em algum momento por fatos concretos que deverão ser discutidos argumentativamente. A Ficção e a Evidência são os horizontes em relação aos quais a Hipótese marca sua distância. Da mesma forma, pode-se dizer que a Hipótese vale-se da imaginação e dos fatos, mas não se confunde com eles.

É também em função de sua ligação a um processo de verificação ou demonstração que a Hipótese distingue-se da figura filosófica do Postulado*, que é uma proposição que se faz admitir dentro de uma argumentação, com o assentimento do ouvinte, embora se reconheça que esta proposição não é nem suficientemente evidente para que seja impossível colocá-la em dúvida (como o axioma) e nem passível de demonstração (como a hipótese).

Cabe ainda distinguir a Hipótese da Definição*. Esta não afirma nem nega nada, mas apenas procura dar exatidão do significado daquilo que se fala. Dizer que a "seleção natural" é "a conservação das diferenças e das variações favoráveis individuais e a eliminação das variações nocivas pelo crivo da Natureza" (Darwin) não é uma Hipótese, mas apenas o enunciado de uma Definição* (no caso, uma "definição" que procura esclarecer a "compreensão" de um "conceito"). A Definição é portanto um ponto estático, um esclarecimento útil para facilitar o processo de comunicação e permitir que um termo ou expressão utilizado pelo autor seja compreendido de acordo com o sentido que este lhe emprestou.

A argumentação científica e filosófica se estabelece a partir de enunciados empíricos*, princípios*, fundamentos*, axiomas*, postulados*, definições*, conceitos*, e até mesmo conjecturas*. Ao lado destas figuras a hipótese* ocupa um espaço privilegiado na argumentação e na investigação desenvolvida de acordo com o modelo de Tese, e é por isto que é preciso compreender muito bem o seu significado e a sua finalidade.

A Hipótese, para resumir o que foi visto até aqui, é uma asserção *provisória* que, longe de ser uma proposição evidente por si mesma, pode ou não ser verdadeira – e que, dentro de uma elaboração científica, deve ser necessariamente submetida a cuidadosos procedimentos de *verificação* e *demonstração*. Constitui-se em um dos elos do processo de argumentação ou investigação (na pesquisa científica ela é gerada a partir de um problema proposto e desencadeia um processo de demonstração depois da sua enunciação). É por isto que, etimologicamente, a palavra "hipótese" significa literalmente "proposição subjacente". O que se "põe embaixo" é precisamente um enunciado que será coberto por outros, ou por uma série articulada de enunciados, de modo que a Hipótese desempenha o papel de uma espécie de fio condutor para a construção do conhecimento.

Apesar do seu caráter provisório, a Hipótese tem sido a base da argumentação científica e desempenha uma série de funções dentro da pesquisa e do desenvolvimento do conhecimento científico, como se verá a seguir...

## 6.2. As funções da Hipótese na Pesquisa

São várias as funções desempenhadas pela Hipótese na Pesquisa Científica, tanto no que se refere a uma pesquisa específica que está sendo concretamente realizada, como no que se refere ao conhecimento científico de uma maneira geral. O Quadro 7 enumera algumas destas funções, organizando na parte sombreada aquelas funções referentes a uma pesquisa determinada ou ao seu Projeto. Na parte não sombreada estão as funções que a Hipótese desempenha em relação ao desenvolvimento científico em geral.

Em primeiro lugar, a Hipótese estabelece uma "direção mais definida para a Pesquisa" que está sendo realizada – seja fixando finalidades relacionadas a etapas a serem cumpridas, seja implicando em procedimentos metodológicos específicos. Dito de outra forma, ela possui uma "função norteadora" (1). Assim, no exemplo desenvolvido no item anterior, vimos que cada hipótese pontuou uma etapa no enfrentamento do problema a ser solucionado, da mesma forma em que implicou em métodos específicos para a sua investigação.

Uma hipótese é norteadora precisamente porque articula as diversas dimensões da pesquisa, funcionando como um verdadeiro ponto nodal onde se encontram o tema, a teoria, a metodologia e os materiais ou fontes da pesquisa. Um bom teste para verificar se você está no caminho certo no que se refere à formulação de hipóteses é já associar cada hipótese aos seus possíveis procedimentos de verificação ou às metodologias a serem empregadas, aos materiais a partir dos quais esta verifi-

## O Projeto de Pesquisa em História

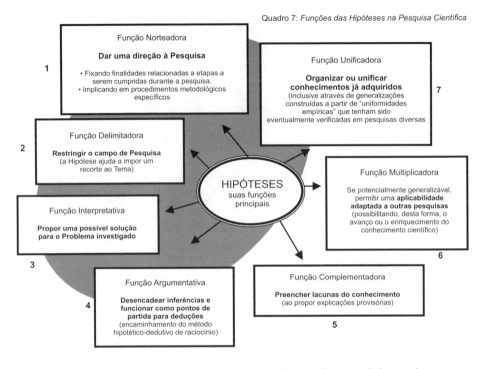

Quadro 7: *Funções das Hipóteses na Pesquisa Científica*

cação poderá ser empreendida, para além da sua base teórica e da sua articulação com o tema.

Bem entendido: se não existem fontes e metodologias adequadas para comprovar a hipótese, ela será inútil, pois não ultrapassará o estado de mera conjectura. Se não existir uma articulação teórica, retorne ao quadro teórico do seu projeto de pesquisa porque ele ficou incompleto (no mínimo, é preciso definir todos os termos importantes incluídos nas hipóteses). Se a hipótese não está articulada a algum dos aspectos do tema, ou ela é irrelevante, ou o recorte temático de seu Projeto não foi bem formulado com relação ao que você pretendia verificar com a sua pesquisa.

Para evitar as armadilhas de investir em uma hipótese inútil, desarticulada, ou irrelevante – isto é, uma hipótese que não irá cumprir adequadamente a sua "função norteadora" –, uma excelente estratégia é organizar imaginariamente uma espécie de quadro associando as hipóteses aos procedimentos metodológicos, fontes e aspectos teóricos com ela relacionados. Digamos, por exemplo, que a sua pesquisa desenvolve-se em torno de três ou quatro hipóteses, cada uma delas com os seus próprios

## 6. Hipóteses

procedimentos e possibilidades de documentação comprobatória. O quadro de articulação das hipóteses com os demais aspectos da pesquisa poderia ser algo assim:

|  | **Fontes** a serem utilizadas na comprovação | **Metodologias** a serem empregadas | **Articulações teóricas** (ex.: conceitos com os quais a hipótese dialoga) | **Articulações com o tema** (ex.: fatores levados em consideração) |
|---|---|---|---|---|
| **Hipótese 1** |  |  |  |  |
| **Hipótese 2** |  |  |  |  |
| **Hipótese 3** |  |  |  |  |
| **Hipótese 4** |  |  |  |  |

(Quadro para registrar a *articulação da Hipótese* com outras dimensões da pesquisa)

Mais adiante voltaremos a este quadro, exemplificando com uma situação concreta. Por ora, retornemos às múltiplas funções da Hipótese na pesquisa.

Além de impor uma direção à pesquisa relacionando-se previamente aos procedimentos metodológicos e recursos teóricos e documentais que serão empregados, as hipóteses cumprem a finalidade primordial de "restringir o campo de pesquisa", impondo um recorte mais específico ao Tema. Neste sentido, a hipótese possui uma "função delimitadora" (2).

Assim, por exemplo, estudar a "Conquista da América" constitui uma temática muito ampla, ou mesmo vaga. Para saltar da condição insatisfatória do investigador que tem diante de si um panorama de inúmeras possibilidades... e entrar na condição de uma investigação concreta a se realizar, será preciso delimitar dentro deste campo temático um sistema de problema e hipótese. Vejamos alguns desdobramentos desta exemplificação.

Na História da Conquista da América, um dos problemas mais fascinantes que têm sido enfrentados pelos historiadores é o de tentar entender como impérios tão bem organizados como o dos astecas e o dos incas, habitados por milhões de nativos, foram derrotados por apenas algumas centenas de soldados espanhóis em tão curto espaço de tempo e com tão aparente facilidade.

As hipóteses que têm sido propostas como respostas possíveis a este problema são muitas, "indo desde a inferioridade do armamento indígena (Las Casas), até as divisões políticas no interior desses impérios (Bernal Díaz, Cieza de León); desde os erros de estratégia militar apontados para explicar a derrota de Atahualpa em Cajamarca (Oviedo), até as sofisticadas explicações dos estudiosos modernos que consideram a derrota dos índios como consequência de sua incapacidade de decodificar os signos dos conquistadores (Todorov)"[80].

Ora, a mera delimitação do problema acima proposto já impõe um primeiro recorte ao tema mais amplo da Conquista da América. Em seguida, a escolha de uma ou de algumas hipóteses combinadas como soluções provisórias ou como caminhos para a pesquisa delimitarão ainda mais o recorte temático.

Desta maneira, quando Todorov formulou a hipótese da rápida e dramática derrota dos nativos mexicanos como consequência de sua "incapacidade de decodificar os signos dos conquistadores" e de assimilar a alteridade radical com a qual se confrontaram diante da chegada dos espanhóis, estava abrindo uma espécie de trilha em uma floresta de possibilidades. Esta trilha, na verdade, conduziria o estudioso búlgaro a investigar aspectos relacionados ao imaginário, ao confronto entre as visões de mundo de conquistadores e conquistados, aos sistemas de signos em confronto. Da mesma forma, este recorte transversal no tema apontaria para a possibilidade do uso de metodologias que dialogam com a linguística, com a semiótica, ou mesmo com a psicanálise.

---

80. Héctor BRUIT. "O Trauma de uma Conquista Anunciada" em GEBRAN, P. e LEMOS, M.T. (org.). *América Latina: Cultura, Estado e Sociedade*. Rio de Janeiro: ANPHLAC, 1994. p.18.

## 6. Hipóteses

Também a escolha das fontes, que deveriam incluir textos a partir dos quais fosse possível acessar também o discurso dos nativos mexicanos, surgiu de maneira mais ou menos consequente – conduzindo Todorov a examinar com especial atenção fontes como aquelas que foram produzidas pelos nativos astecas no período imediatamente subsequente à Conquista. Por outro lado, era preciso confrontar estas fontes – representativas do ponto de vista asteca, embora em alguns casos com mediações – com fontes representativas do ponto de vista dos conquistadores espanhóis, como é o caso das famosas "Cartas de Fernando Cortês ao rei de Castela". Esta combinação de fontes permitiria compreender mais de perto o "choque cultural" entre as duas civilizações, e as reações das várias partes envolvidas diante deste confronto.

Articulando convenientemente todos os aspectos acima considerados, a iluminação do tema problematizado da Conquista da América a partir de uma hipótese bem colocada e inovadora conduziu Todorov a produzir um dos mais interessantes livros sobre o assunto escritos neste último século[81].

A título de exemplificação, poderia ser elaborado para a Hipótese proposta por Todorov um quadro como o que foi proposto mais atrás (ver adiante o Quadro representando a articulação da Hipótese de Todorov com outras dimensões da Pesquisa).

Vimos, enfim, um bom exemplo das funções "norteadora" e "delimitadora" de uma hipótese de pesquisa. Estas funções articulam-se, naturalmente, com a função básica da Hipótese que é a de "propor uma possível solução para o Problema investigado", e que poderíamos denominar "função interpretativa" (3). A este respeito, é preciso lembrar que um problema científico, sobretudo na área das ciências humanas, nem sempre apresenta uma única solução. Isto pode ocorrer com um problema matemático, mas não com estudos sociais que envolvem complexas questões de interpretação e de leituras que são produzidas na interação entre sujeito e objeto de conhecimento.

---

[81]. Tzvetan TODOROV. *A conquista da América – A questão do outro*. São Paulo: Martins Fontes, 1993.

| Hipótese | Fontes | Metodologia | Articulação Teórica | Articulação com o Tema da "Conquista da América" |
|---|---|---|---|---|
| A rápida e devastadora sujeição de milhões de astecas por apenas algumas centenas de conquistadores espanhóis explica-se, sobretudo, pela incapacidade dos astecas em assimilarem o "choque cultural" produzido no confronto entre as duas civilizações e pela sua incapacidade em decifrar os códigos dos conquistadores. | • "Os informantes de Sahagún" • Cartas de Fernando Cortês | • Análise semiótica • Abordagem comparativa | Conceitos de • "choque cultural" • "alteridade" | Razões principais para a ocorrência da "conquista" no que se refere à *rapidez* com que aconteceu e à *desproporcionalidade numérica*. |

(Quadro representando a *articulação da Hipótese* de Todorov com outras dimensões da pesquisa)

Retomaremos como exemplificação o problema da Conquista da América. O Quadro 8 procura esquematizar o problema proposto – o da sujeição de milhões de nativos mesoamericanos organizados em impérios desenvolvidos como o dos astecas, em tão pouco espaço de tempo e para apenas algumas centenas de conquistadores espanhóis. Pergunta-se pelo fator ou pela combinação de fatores que teriam favorecido

## 6. Hipóteses

este acontecimento, tão significativo para o destino subsequente do continente americano.

O círculo à esquerda enquadra o problema proposto, que é também a primeira parte de uma hipótese a ser redigida. À direita são apresentadas algumas respostas possíveis para o problema, que constituem a segunda parte da redação proposta para a Hipótese a ser formulada. Assim, uma das várias hipóteses indicadas no esquema (a hipótese de Todorov a que já nos referimos) poderia ser redigida da seguinte forma:

> a sujeição de milhões de nativos mesoamericanos, organizados em impérios centralizados e desenvolvidos como o dos astecas, em curto espaço de tempo e para apenas algumas centenas de soldados espanhóis, ...deveu-se fundamentalmente à dificuldade dos astecas em lidar com a alteridade e com o choque cultural produzido pelo seu contato com os conquistadores.

Basta substituir o segundo termo (depois das reticências...) por qualquer das alternativas propostas, ou por uma combinação de duas ou três das alternativas propostas, e teremos outras possibilidades para o mesmo problema.

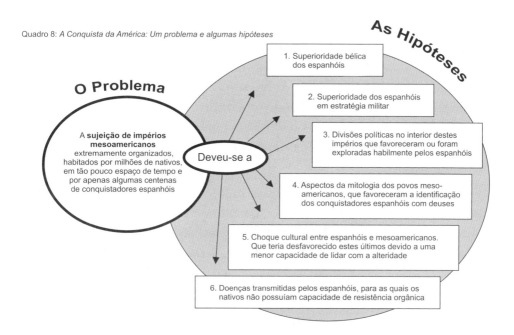

Quadro 8: *A Conquista da América: Um problema e algumas hipóteses*

Em diversas ocasiões uma hipótese apresenta este tipo de formato redacional, particularmente as que buscam compreender as relações entre um acontecimento ou fenômeno e os fatores dominantes que o tornaram possível. O próprio problema pode aparecer neste caso como o primeiro termo da hipótese, e a solução provisória ou resposta antecipada pode corresponder ao termo subsequente. Por ora, o aspecto importante a ressaltar – com relação à exemplificação que propomos – é que inúmeros historiadores têm proposto para o problema da Conquista da América diversificadas hipóteses, como estas ou algumas outras, e, ainda mais frequentemente, combinações de hipóteses que buscariam dar uma explicação complexa ou multifatorial para o problema formulado. Para sustentar as hipóteses propostas, estes historiadores têm desenvolvido argumentações diversificadas, apoiando-se em fontes diversas, analisando-as com metodologias variadas e abordando o problema a partir de quadros teóricos específicos.

Possivelmente, nunca se chegará a uma explicação da Conquista da América que seja considerada mais pertinente do que todas as outras. Na verdade, a elaboração do conhecimento histórico consiste precisamente neste permanente reexame do passado com base em determinadas fontes e a partir de determinados pontos de vista. As hipóteses na História ou nas Ciências Sociais dificilmente podem adquirir a aparência de verdades absolutas (se é que existem verdades deste tipo), porque há um espaço muito evidente de interpretação a ser preenchido pelo historiador ou pelo sociólogo na sua reflexão sobre problemas sociais do presente ou do passado. Em tempo: o que pode ser confirmado como afirmações indiscutíveis são determinados dados ou enunciados empíricos, mas não as proposições problematizadas que relacionam ou interpretam estes dados empíricos[82].

Em suma, vimos até aqui que as hipóteses desempenham funções muito importantes para o encaminhamento de uma pesquisa específica que está sendo realizada. Elas cumprem simultaneamente os papéis *norteador* (servindo de guias à investigação), *delimitador* (recortando mais

---

[82]. Assim, é indiscutível que milhões de nativos mesoamericanos foram submetidos pelos espanhóis nas primeiras décadas do século XVI. Mas as razões e implicações deste fato serão sempre rediscutidas.

## 6. Hipóteses

o objeto da investigação) e *interpretativo* (propondo soluções provisórias para um problema). Mas, para além disto, as hipóteses ainda desempenham dentro de um trabalho científico específico uma importante função *argumentativa* (4).

Assim, de acordo com o método de raciocínio "hipotético-dedutivo", as hipóteses devem atuar como focos para o desencadeamento de inferências* – no sentido de que das suas consequências vão ser geradas novas proposições, e de que estas mesmas proposições desdobradas da hipótese original também irão produzir novas inferências. Esta formação de uma série articulada de enunciados, onde cada um vai precedendo a outros de maneira lógica e encadeada, consiste no que se denomina "demonstração". É aliás esta "função argumentativa" da Hipótese o que autoriza o seu sentido etimológico de "proposição subjacente" – de proposição que se coloca embaixo de uma outra. Toda hipótese apresenta grosso modo isto que podemos chamar de uma "potência inferencial" (capacidade de dar origem a outras proposições). É desta potência inferencial das hipóteses, em articulação às verificações empíricas, que vive o discurso científico.

A "função argumentativa" da hipótese é desempenhada, por outro lado, não apenas a partir dos desdobramentos de suas consequências, mas também através da articulação destes desdobramentos com outras hipóteses, de modo que duas ou mais hipóteses combinadas também podem produzir novas inferências.

Um exemplo de articulação lógica de enunciados hipotéticos é apresentado na obra *O Suicídio*, de Émile Durkheim[83]. O problema constitui-se em torno de uma indagação acerca da dimensão social do suicídio, examinando-o não apenas como um evento individual, mas como um fenômeno social que se expressa através do indivíduo. Cumpre investigar as motivações e as implicações do suicídio para a experiência humana.

Em primeiro lugar, apresenta-se a hipótese de que o suicídio é motivado por tensões e ansiedades não aliviadas (a). Depois é proposta uma hipótese que logo virá convergir para o problema: a "coesão social" de um grupo proporciona mecanismos para aliviar ou combater as tensões

---

[83]. Émile DURKHEIM. *O suicídio*. São Paulo: Martins Fontes, 1999.

e ansiedades vivenciadas por alguns indivíduos (b). Em seguida, aventa-se a hipótese de que determinados tipos de grupos sociais possuem maior coesão social do que outros (uma forma de religião em contraste com outra, por exemplo) (c). Logo, será possível prever um índice menor de suicídios naqueles grupos de maior coesão social quando comparados com o de menor coesão (d).

Naturalmente que esta cadeia de inferências a partir de hipóteses convergentes foi sustentada nesta síntese abreviada de maneira exclusivamente argumentativa. Em uma pesquisa, a "demonstração lógica" deve vir imbricada com uma "verificação empírica". Os suportes empíricos devem precisamente sustentar cada uma das afirmações com dados concretos. Pode-se por exemplo propor um método qualquer para a mensuração de aspectos relativos à "coesão social" em um tipo de grupo humano específico (os membros de uma comunidade católica, por exemplo). Depois, quantifica-se os índices de suicídio neste grupo. Procede-se com as duas operações anteriores para um outro tipo de grupo que produza uma comparação pertinente (os membros de uma comunidade protestante, por exemplo). O confronto entre os índices obtidos para cada grupo, tanto os indicativos de "coesão social" como os que se materializam em taxas de suicídios, permitirão confirmar ou refutar a ideia de que as suposições propostas produzem efetivamente uma articulação pertinente (a hipótese articuladora de que a "coesão social" é inversamente proporcional à "quantidade de suicídios").

As três próximas funções a serem comentadas (Quadro 6, parte não sombreada) correspondem ao papel da Hipótese não apenas dentro de uma única pesquisa tomada isoladamente, mas dentro do conjunto maior da ciência. Falaremos por um lado da potencialidade de algumas hipóteses para preencher lacunas do conhecimento, e por outro lado de hipóteses que, por algumas razões, acabam fazendo uma interligação entre várias pesquisas – seja por desdobramento de suas possibilidades em outras pesquisas, seja por sua capacidade de aglutinar séries de dados empíricos produzidos por pesquisas diversas.

Em primeiro lugar consideraremos que hipóteses bem fundamentadas, mesmo que não possam ainda ser plenamente comprovadas ou refutadas, podem apresentar a significativa função de "preencher lacunas do conhecimento". A hipótese tem neste sentido uma espécie de *função*

## 6. Hipóteses

*complementadora* (5). Notadamente para períodos mais recuados do passado, quando começam a escassear as fontes e as informações disponíveis, o historiador pode ser conclamado a preencher estes silêncios e vazios de documentação, até que a sua interpretação provisória seja substituída por uma outra que tenha encontrado bases mais seguras de sustentação.

Este papel desempenhado pela hipótese no sentido de preencher espaços vazios do conhecimento não é estranho à Ciência de uma maneira geral. Sabe-se por exemplo da existência dos intrigantes "buracos negros" do espaço cósmico, mas como não existem atualmente maiores possibilidades de compreender de forma fundamentada estes fenômenos astronômicos, ou de produzir experimentos para testar a natureza dos "buracos negros", os cientistas não raro formulam teorias provisórias sobre a questão. Especula-se, também em forma de hipóteses, sobre a "origem do universo" (como na célebre *teoria do Big-Bang*). As próprias lacunas de conhecimento concernentes à "origem do Homem" têm gerado sucessivas hipóteses na Ciência e na Religião: o homem como criação direta de Deus (*Gênesis*), o homem como descendente evolutivo do macaco (Darwin), o homem como descendente de um "elo perdido" que teria dado origem simultaneamente à ramificação humana e à ramificação dos demais primatas (retificações na Teoria da Evolução), o homem como pertencente a uma matriz evolutiva inteiramente independente da do macaco (pesquisas recentes). Em cada um destes casos, uma hipótese preenche um vazio gerado pela inquietação diante das origens humanas.

Outro tipo de hipóteses que transcendem o mero âmbito da pesquisa onde foram geradas refere-se àquelas que, uma vez propostas, revelam um potencial de "aplicabilidade a outras pesquisas". A hipótese vem aqui desempenhar uma *função multiplicadora* (6). Quando se desenvolve para um estudo de caso específico uma argumentação bem fundamentada em torno de certa hipótese, provando-se a sua pertinência, pode ser que esta venha a se mostrar aplicável a outros estudos, beneficiando desta maneira outras pesquisas possíveis e o conhecimento científico de maneira geral.

Assim, ao desenvolver a hipótese da importância predominante do "choque cultural" na sujeição das sociedades astecas, Todorov abriu a possibilidade de que a mesma hipótese fosse utilizada para compreender a sujeição da sociedade inca, ou outras situações similares. É claro que, para cada caso, devem ser respeitadas as singularidades, o que deve ficar como um lembrete importante relativo às possibilidades de se importar uma hipótese de um para outro campo de pesquisa.

Por fim, uma última função das hipóteses é que, em nível mais amplo, elas podem se prestar à organização ou unificação de conhecimentos já adquiridos, inclusive através de generalizações destinadas a explicar certas "uniformidades empíricas" que tenham sido eventualmente constatadas em pesquisas diversas. Falaremos aqui de uma *função unificadora* (7). Pode se dar o caso em que uma hipótese explicativa contribua para dar sentido seja a um certo conjunto de dados, seja a um conjunto de outras hipóteses. Um exemplo poderá esclarecer este uso das hipóteses explicativas.

Várias pesquisas sobre crescimento urbano, tomando como campo de estudos as cidades americanas, levaram alguns estudiosos da chamada *Escola de Chicago*\* e outros sociólogos à percepção de um certo padrão de crescimento das cidades, particularmente no que concerne à distribuição da população[84]. Diante das uniformidades empíricas percebidas, alguns autores procuraram formular hipóteses que correlacionassem estes fenômenos – entre eles Ernest Burgess, que elaborou a sua célebre hipótese dos "círculos concêntricos".

Para sustentar sua hipótese original, Burgess idealizou seu famoso "ideograma de desenvolvimento urbano", onde o crescimento se verifica em torno de um núcleo de pontos focais que se constitui predominantemente pelas atividades comerciais e industriais. O esquema é naturalmente válido no âmbito das cidades tipicamente americanas da modernidade (mas não no âmbito das cidades europeias, por exemplo), e baseia-se nos processos de "etnic sucession" e da "residential invasion". A ideia básica é a de que a cidade organiza a população a partir de zonas concêntricas, residindo a alta burguesia nos subúrbios periféricos, e neste caso a progressão social evoluiria do centro para a periferia, de maneira que cada grupo social vai abandonando espaços mais próximos do centro e conquistando os arredores mais valorizados socialmente.

---

[84]. E.W. BURGESS; E. PARK; R.D. McKENZIE. *The City*. Chicago: University of Chicago Press, 1925.

## 6. Hipóteses

O que Burgess fez, neste caso, foi construir – através da mediação de uma hipótese adequada – uma generalização que enquadraria as várias "uniformidades empíricas" percebidas. Dito de outra forma, o sociólogo da *Escola de Chicago* tratou de organizar a realidade sob a forma do que pode ser chamado de um "tipo ideal complexo".

Goode e Hatt alertam para o fato de que este tipo de hipótese não deve vir acompanhado da pretensão de generalizações absolutas, devendo-se deixar claro desde o início que o padrão percebido a partir de uma dada recorrência de casos verifica-se em determinadas condições (e não em outras)[85]. Por outro lado, Lakatos e Marconi[86] assinalam de maneira bastante pertinente que o principal papel das hipóteses deste tipo é o de "criar instrumentos e problemas para novas pesquisas". Assim, a hipótese dos "círculos concêntricos" proposta por Burgess teria dado origem a outras, como a dos "círculos múltiplos" proposta por Harris e Ullman e a do "crescimento axial" proposta por Hoyt.

Foi a partir de transformações e retificações no modelo primordial proposto por Burgess que os chamados "ecologistas socioculturais" como Hoyt propuseram a imagem de uma cidade dividida em setores triangulares – como as fatias de um bolo –, observando que em diversos casos setores triangulares inteiros perdem prestígio social à medida que se aproximam da periferia[87].

Já a Hipótese dos "núcleos múltiplos", por outro lado, questiona a própria ideia de um "centro único", o que corresponderia na verdade a um modelo de visualização que nem sempre condiz com a vida urbana. Assim, Harris e Ullman procuraram assinalar a natureza compósita da cidade, que estaria fundada sobre núcleos diferenciados. Buscavam conciliar desta forma, contestando-as no essencial, a ideia original de Burgess

---

[85]. William GOODE e Paul K. HATT. *Métodos em Pesquisa Social*. São Paulo: Companhia Editora Nacional, 1968. p.77-83).

[86]. Conforme Eva Maria LAKATOS e Marina de Andrade MARCONI. *Metodologia Científica*. São Paulo: Atlas, 2000. p.149.

[87]. H.Y. HOYT. *The Structure and Growth of Residencial Neighbourhoods in American Cities*. Washington: U.S. Government Printing Office, 1939.

acerca de uma evolução concêntrica e a proposta de crescimento por fatias triangulares aventada por Hoyt[88].

Este exemplo pode nos ajudar a perceber que as hipóteses também têm uma função significativa como organizadoras, mesmo que provisórias, dos próprios dados empíricos produzidos através do conhecimento científico. Funcionam, neste caso, como compartimentos que retêm de maneira organizada e coerente estes dados, ou como "criadoras de sentido" que imprimem novos significados a conhecimentos construídos a partir de pesquisas diversas. Neste sentido, algumas hipóteses transcendem largamente o âmbito mais restrito de sua pesquisa singular, e criam unidades maiores entre várias pesquisas produzidas. Não importa que em um segundo momento estas hipóteses sejam substituídas por novas hipóteses. O importante é que através delas o conhecimento científico pode transitar livremente, sendo reelaborado de maneira permanente.

É precisamente quando determinadas hipóteses conseguem reunir em conjuntos maiores e coerentes uma diversidade de fatos, uniformidades empíricas e resultados obtidos em pesquisa – e particularmente quando se mostrarem sustentáveis ou válidas as relações propostas para estes fatos – que ocorre a formação de uma teoria[89]. Partindo destas relações propostas e das hipóteses primordiais, são deduzidas novas hipóteses, de modo que vai sendo consolidada uma nova teoria (inclusive com a elaboração de novos conceitos*, sempre que necessário).

Mais uma vez podemos citar o exemplo da "Teoria sobre a Origem das Espécies", de Charles Darwin. O que o naturalista inglês fez foi precisamente reunir uma série de fatos e dados construídos a partir da observação da natureza sob a orientação de algumas novas hipóteses, como a da "luta das espécies" e a da "seleção natural". Em seguida, sendo validadas por um determinado setor de cientistas as suas observações sistematizadas (não sem enfrentar resistências), o conjunto de hipóteses proposto saltou para o *status* de "teoria"* – considerada aqui como um

---

[88]. Ch. HARRIS e E.L. ULLMAN. "The Nature of Cities". In *Annales of American Academy of Political and Social Science*, CCLII. New York: 1945.

[89]. É neste sentido que Goode e Haatt afirmam que as hipóteses podem formar um elo entre fatos e teorias (William GOODE e Paul K. HATT. *Métodos em Pesquisa Social*, p.74).

## 6. Hipóteses

corpo coerente de hipóteses e conceitos que passam a constituir uma determinada visão científica do mundo.

Foi também o que fizeram os sociólogos da *Escola de Chicago** ao reunirem suas hipóteses, deduções e explicações para certas uniformidades empíricas em uma teoria da "Ecologia Urbana" – que por sinal tem elementos de transposição para o campo social de alguns aspectos da "Teoria da Origem das Espécies", proposta por Darwin. Aqui se percebe que uma teoria pode dar origem a outras, através da incorporação de novas hipóteses ou de novos desdobramentos de hipóteses, ou através da transferência de certos sistemas hipotéticos e conceituais para outros campos de aplicação (do campo natural para o social, por exemplo).

De resto, deve ser lembrado que um enunciado teórico deve ser considerado sempre em relação à teoria à qual ele se articula. Um enunciado que em um momento, ou dentro de um determinado referencial teórico, pode ser considerado uma hipótese, em outro momento pode ser considerado uma lei, e em um terceiro momento ser encarado como uma conjectura. Assim, a hipótese da "seleção natural", por exemplo, é considerada *lei* dentro da "Teoria da Origem das Espécies" de Darwin, é considerada um *princípio* que deve ser combinado a outros fatores na "Teoria Sintética ou Moderna da Evolução", e é considerada uma conjectura ou hipótese refutada na "Teoria do Planejamento Biomolecular Inteligente", de Michael Behe.

Para finalizar, seria bom lembrar ainda um tipo muito especial de hipóteses, que desempenha uma função bastante específica na ciência: as chamadas hipóteses *ad hoc**. Como constituem um tipo especial de hipóteses, menos frequente que as hipóteses comuns, não registramos sua função no Quadro 8 – que poderia ser definida como a de "proteger outras hipóteses" (*função protetora*).

Mais rigorosamente, a hipótese *ad hoc* seria uma espécie de conjectura que tem por finalidade proteger de contradições uma outra hipótese, quando esta se vê confrontada com teorias já aceitas, ou até mesmo com os dados já disponíveis que não a confirmam. Lakatos e Marconi citam um exemplo bastante interessante de hipótese *ad hoc* bem-sucedida:

W. Harvey, em 1628, enunciou a hipótese da circulação do sangue (que não é um fenômeno observável) sem levar em conta a diferença entre o sangue arterial e o sangue venoso; para "salvar" sua hipótese, diante da diferença existente, introduziu uma outra *ad hoc*, a saber, "que o circuito artéria-veia permanece cerrado por vasos capilares invisíveis". Pesquisas ulteriores descobriram a existência destes vasos[90].

Ou, mesmo que pesquisas ulteriores não tivessem confirmado a existência dos vasos capilares, e descobrissem uma outra explicação qualquer que conciliasse a hipótese da "circulação sanguínea" com a da existência de dois tipos de sangue (venoso e arterial), a hipótese *ad hoc* proposta por Harvey teria cumprido a sua missão: teria "salvado" provisoriamente uma hipótese importante, até que surgissem outros elementos que a complementassem e a validassem. Assim, as hipóteses *ad hoc*, embora em alguns casos produzam formulações absurdas – uma vez que elas se valem de uma espécie de "salvo-conduto" que não exige que estejam ancoradas em dados verificáveis – têm a sua serventia para a produção do conhecimento científico.

Algumas razões, entretanto, fazem com que sejam pouco utilizadas as *hipóteses ad hoc* em uma ciência como a História. Normalmente, as *ad hoc* são hipóteses do tipo *ante-factum*, isto é, hipóteses que são formuladas precedendo os fatos que poderão confirmá-las ou refutá-las. As ciências naturais trabalham bastante com as hipóteses chamadas "preditivas" (*ante-factum*), que não são obviamente apenas as hipóteses *ad hoc*. Assim, ao longo da história de uma ciência como a Física, foram elaboradas por dedução ou até por intuição diversas hipóteses que ficaram à espera de uma confirmação empírica que só poderia surgir muito depois (as hipóteses propostas por Einstein com a "Teoria da Relatividade" são um exemplo). Hipóteses como a da "circulação sanguínea", proposta por Harvey, ou mesmo a sua hipótese *ad hoc* da existência de vasos capilares, só necessitariam de tempo para que surgissem os instrumentos e técnicas que um dia as verificassem.

---

90. E.V. LAKATOS e M.A. MARCONI, *op.cit*. p.146.

## 6. Hipóteses

Outras hipóteses do tipo *ante-factum* são aquelas que estão associadas à experimentação. Uma hipótese qualquer no campo da Engenharia Genética pode se propor a especular sobre a manipulação de certos genes com vistas a esta ou aquela finalidade, e a confirmação de seus resultados só dependerá da existência de recursos e possibilidades de encaminhar um experimento adequado.

Ocorre que também existem as hipóteses *post-factum*. Estas não são do tipo preditivo; ao contrário, seu objetivo é buscar explicações para fatos que já ocorreram, criar relações entre dados que já estão confirmados, compreender fenômenos que já foram observados. A História, obviamente, trabalha com este tipo de hipóteses. Seus materiais são as fontes que nos chegam das sociedades do passado através da documentação examinada pelo historiador.

Pede-se na historiografia ocidental que qualquer afirmação feita por um historiador encontre suporte em documentos históricos – que são os vários registros e resíduos da atividade humana e que abrangem desde textos de vários tipos até fontes iconográficas, objetos da cultura material, registros de história oral, ou o que quer que permita um acesso a sociedades menos ou mais remotas. A partir destas fontes de diversas naturezas e de um conjunto de dados que delas apreende, o historiador é conclamado a produzir explicações congruentes com os elementos por eles selecionados.

Rigorosamente, existe sempre um elemento interpretativo e subjetivo nas explicações que um historiador pode formular, não existindo a possibilidade de se testar a explicação elaborada através de experimentos. A História, evidentemente, é uma ciência observacional, e não experimental. Se, na Química, posso reproduzir em laboratório as mesmas condições e procedimentos com os quais trabalhou um cientista que propôs esta ou aquela hipótese, na História o mesmo não pode acontecer.

Não é possível verificar se uma determinada interpretação da Revolução Francesa é mais adequada do que outra produzindo uma nova Revolução Francesa, já que esta é um evento único e irrepetível. O que se pode é produzir leituras congruentes da Revolução Francesa a partir de perspectivas diversificadas e de uma determinada seleção de fontes e dados que foram escolhidos para material histórico[91].

As hipóteses propostas pela História não levam a "uma evidência que se impõe"[92] como nas ciências experimentais. Elas permanecem ao nível da congruência em relação aos dados e à própria análise elaborada, mas não chegam ao nível de alto grau de comprovação que se torna possível em algumas das ciências naturais e exatas. Em tempo: pode-se comprovar a ocorrência de determinado evento, à maneira de uma perícia que recupera os dados objetivos de um determinado acontecimento. Mas não há, por exemplo, como julgar melhor uma entre duas interpretações históricas distintas sobre o mesmo conjunto de dados, a considerar que as duas sejam interpretações igualmente congruentes.

A historiografia de determinado tema ou objeto sempre oferecerá aos seus leitores uma rede diversificada de interpretações plausíveis e congruentes (descontando as absurdas), e a única exigência que poderá ser feita ao historiador é que ele baseie as suas interpretações em materiais legítimos, que são as próprias fontes históricas analisadas com os métodos adequados.

Vejamos então as implicações desta natureza da pesquisa historiográfica com relação à possibilidade de utilização de hipóteses *ad hoc*, já tendo sido compreendido que a História não trabalha com "hipóteses preditivas", e sim com hipóteses *post-factum*. Utilizar uma hipótese *ad hoc* na História com o objetivo de "proteger" uma outra, a partir da qual se pretende desenvolver uma argumentação dedutiva, seria utilizar uma hipótese que não pôde buscar apoio em documentação existente. Seria propor uma hipótese ainda no nível conjectural, sem qualquer embasa-

---

91. Pode ser que o uso do computador permita aos historiadores do futuro lidarem com realidades virtuais, experimentando sucessivas vezes uma mesma situação histórica e testando a inclusão ou exclusão de determinados fatores para verificar o que teria acontecido. Estes recursos, e outros que poderiam ser imaginados pela ficção científica como "visores do tempo" ou "máquinas do tempo", poderiam reformular totalmente a natureza do trabalho historiográfico, introduzindo junto à sua prática observacional-interpretativa uma prática experimental. Mas isto, por ora, permanece objeto da ficção. De qualquer maneira, sempre restará uma parcela muito significativa de subjetividade no fazer historiográfico, uma vez que as situações humanas obtidas experimentalmente sempre deverão ser interpretadas.

92. Expressão utilizada por Robert K. MERTON (*Sociologia: teoria e estrutura*. São Paulo: Mestre Jou, 1970. p.162).

## 6. Hipóteses

mento empírico obtido a partir de análise de fontes históricas, talvez na esperança de que um dia fossem encontradas as fontes que permitiriam sustentar a hipótese *ad hoc* proposta.

Já dissemos que é questão controversa a utilização de conjecturas no trabalho historiográfico. A maioria dos historiadores rejeita esta possibilidade, e alguns a aceitam apenas como preenchimento provisório de lacunas – geralmente em explicações paralelas com relação a determinado aspecto da sociedade ou a determinado conjunto de fatos obscuros. Mas dificilmente um historiador, mesmo os do grupo que aceita conjeturar em determinadas ocasiões, empreenderia um trabalho historiográfico que tivesse por Hipótese Central uma suposição não fundamentada em fontes. A não ser, é claro, que este historiador aceitasse deslizar do gênero historiográfico propriamente dito para o gênero da ficção histórica.

O uso de hipóteses *ad hoc* na História só poderia desempenhar um papel extremamente periférico, pelo menos de acordo com os parâmetros atualmente vigentes na historiografia ocidental. As hipóteses, em História, só podem ser "salvas" a partir da comprovação dos seus elementos empíricos mais diretos e da verificação empírica de seus desdobramentos, ou então a partir de deduções de hipóteses precedentes que, pelo menos elas, estejam ancoradas em bases documentais – ou, mais propriamente, que estejam ancoradas em análises congruentes estabelecidas sobre bases documentais. O uso sistemático da fonte histórica é ainda o que garante ao historiador o direito de reivindicar para a sua prática o *status* de "ciência".

Mas, enfim, mais do que qualquer outra ciência ou prática crítico-reflexiva, a História vive da formulação e reformulação de hipóteses. O historiador marca uma distância prudente das conjecturas e outra da pretensão de descobrir verdades absolutas. Neste caminho do meio a História pode ser definida como a ciência de formular hipóteses sobre o passado, e como a arte de sustentar estas hipóteses de maneira criativa e congruente a partir das fontes utilizadas pelo historiador. Na oficina da História, as hipóteses são sempre instrumentos importantes – multifuncionais na sua capacidade de *nortear, delimitar, interpretar, argumentar, complementar, multiplicar* e *unificar* os materiais e a pesquisa histórica.

Para além destes usos das hipóteses de pesquisa, que na prática historiográfica adquirem tanta relevância, o quadro de funções discutido neste item procurou destacar o papel decisivo das hipóteses na Pesquisa Científica de uma maneira geral – tanto no que se refere a um trabalho específico que se realiza (Projeto ou Tese), como no que se refere a aspectos mais amplos do conhecimento.

## 6.3. A elaboração da Hipótese

Uma hipótese bem formulada deve atender a determinadas características que serão discutidas a seguir (Quadro 9). Provisória, declarativa, concisa, logicamente coerente, clara, conceitualmente exata, relevante, teoricamente articulada, pertinente, plausível, verificável – não são poucas as qualidades exigidas a uma hipótese que se quer bem redigida. Em primeiro lugar, consideraremos a necessidade de que a Hipótese esteja diretamente articulada ao Problema ou à problematização da pesquisa.

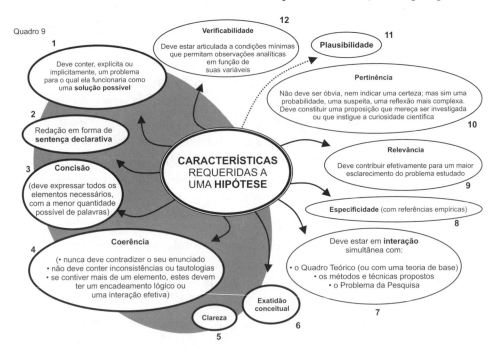

• *A Hipótese deve estar articulada ao Problema*

Pede-se antes de mais nada que uma hipótese contenha, explícita ou implicitamente, um Problema para o qual ela funcionaria como *solução*

## 6. Hipóteses

*possível* (1). De fato, vimos até aqui que o raciocínio hipotético corresponde a uma espécie de antecipação empreendida pela imaginação científica, que se estabelece em torno da formulação de uma afirmação provisória a ser posteriormente comprovada ou refutada. Esta antecipação relaciona-se, naturalmente, a um problema que está na base da formulação hipotética.

Contudo, deve-se ressaltar que, embora a hipótese *inclua* o problema em uma de suas dimensões, ela não deve simplesmente repeti-lo (dizer que a hipótese deve conter o problema não significa dizer que a hipótese deve coincidir com o problema). Retomemos por exemplo o problema sobre a Conquista da América, que assim poderia ser enunciado: "uma das questões mais intrigantes da História da América foi a derrota de milhões de nativos mesoamericanos, organizados em impérios bem estabelecidos, para apenas algumas centenas de conquistadores espanhóis em um período de apenas algumas décadas no início do século XVI". O Problema indaga pelas razões que teriam favorecido este fato – ele chama atenção para a estranheza desta ocorrência histórica, e portanto clama por uma explicação que a torne compreensível. Formular o problema tal como foi proposto acima, em um Projeto de Pesquisa, estaria correto. Apesar da sua redação aparentemente afirmativa, o problema proposto tem uma natureza interrogativa ou indagadora, como se espera de qualquer problema (e não de uma hipótese, como logo veremos).

Por outro lado, o problema atrás formulado também apresenta dados empíricos. Ele nos diz que milhões de nativos mexicanos foram derrotados por algumas centenas de espanhóis, em algumas décadas do século XVI. Estas são evidências já registradas pela História, ninguém irá discuti-las. O que se coloca como problema é que estes acontecimentos tenham se dado assim, e que devem ter existido fatores bastante significativos para que tudo não tenha ocorrido de outro modo[93]. Assim, os dados empíricos, registrados nas fontes e já evidentes para a historiografia, não constituem o "problema". O que constitui o "problema" é a indagação que sobre estes fatos se estabelece (por que ocorreram?).

---

[93]. Se é possível dizer que a sujeição das civilizações pré-colombianas pelas sociedades europeias seria inevitável em longo prazo, em virtude da superioridade bélica, o que causa estranheza é precisamente a rapidez com que tudo se deu, e o pequeno efetivo de homens que foi suficiente para consolidar a conquista.

Ora, a Hipótese não pode nem coincidir com o Problema (embora possa ou deva incluí-lo na sua essência) e nem coincidir com a mera enunciação dos seus dados empíricos. Não seria uma hipótese afirmar que "milhões de nativos americanos foram derrotados em algumas décadas por algumas centenas de conquistadores espanhóis". Isto não é hipótese, mas meramente uma evidência empírica (que aliás nem precisa ser investigada, já que é um dado óbvio da História da América)[94]. Uma hipótese, para ser *pertinente*, não deve ser óbvia, nem indicar uma certeza; mas sim uma probabilidade, uma suspeita, uma reflexão mais complexa (ver aspecto 10). Deve constituir, acima de tudo, uma proposição que mereça ser investigada ou que instigue a curiosidade científica.

Como existiram vários fatores em jogo na sujeição dos nativos mesoamericanos pelos espanhóis, estará sempre em discussão atribuir um maior peso a este ou àquele fator ou combinação de fatores. Uma Hipótese que proponha uma certa explicação para a Conquista da América, nas condições em que ocorreu, será sempre uma instigação à curiosidade científica. Também deverá sempre ser formulada como uma probabilidade, como uma suspeita, e caberá ao historiador sustentá-la com informações extraídas das fontes, com análises estabelecidas a partir destas informações e com argumentações desenvolvidas pelo próprio historiador.

Assim seria possível agregar algo à afirmação empírica atrás formulada para transformá-la efetivamente em uma hipótese. Seria possível dizer que "milhões de nativos mesoamericanos foram derrotados em algumas décadas por algumas centenas de conquistadores espanhóis... devido as divisões políticas que existiam nos seus impérios e que os conquistadores souberam manipular". A Hipótese, assim formulada, reúne, problematizando-os, dois blocos de enunciados empíricos ("a derrota dos nativos mesoamericanos..." e "as suas divisões políticas internas". A essência da

---

[94]. Da mesma forma, para além de enunciados empíricos já confirmados, não constituem hipóteses os pressupostos já aceitos sem discussão no âmbito teórico-metodológico adotado. Tal como faz notar A.J. SEVERINO, "hipótese é o que se pretende demonstrar e não o que já se tem demonstrado evidente desde o ponto de partida. Muitas vezes ocorre esta confusão ao se tomar como hipóteses proposições já evidentes no âmbito do referencial teórico ou da metodologia adotados. E, nestes casos, não há mais nada a demonstrar, não se chegará a nenhuma conquista e o conhecimento não avança" (*Metodologia do Trabalho Científico*. São Paulo: Cortês, 2000. p.161).

## 6. Hipóteses

hipótese vive não propriamente de cada um dos seus blocos de enunciados empíricos, mas sim da relação que entre eles se estabelece.

É muito comum, nas Ciências Sociais, a utilização deste tipo de hipótese (a chamada "hipótese analítica"). Ao invés de uma suposição linear, ou de uma mera "hipótese descritiva" que se enuncia com uma única sequência, as hipóteses historiográficas e sociológicas são frequentemente construções mais complexas que envolvem dois ou mais fatores, pelo menos hoje em dia. É a *relação*, e não propriamente a *enunciação* dos dois fatores, o que constitui a substância principal da hipótese.

Por outro lado, também marcam presença constante na Historiografia as "hipóteses casuísticas", que estabelecem uma afirmação mais ou menos linear como "o padre Manuel da Nóbrega, e não o padre José de Anchieta, é que fundou a cidade de São Paulo"[95]). Mas é preciso ter em mente que, a partir da historiografia "problematizada" do século XX, as hipóteses casuísticas, bem como aquelas de natureza meramente descritiva, aparecem muito mais como materiais de passagem do que como "hipóteses centrais" de uma obra historiográfica. Já na historiografia positivista do século XIX, este tipo de hipótese narrativa ou descritiva – que procurava informar simplesmente "algo que aconteceu" – poderia ocupar o primeiro plano.

Por exemplo, consideremos a hipótese formulada por Sigmund Freud em seu livro *Moisés e a Religião Monoteísta*, segundo a qual "Moisés não era judeu, mas egípcio". Comprovar que "Moisés era egípcio" poderia ser bastante instigante para um historiador factual do século XIX, podendo esta vir a se constituir na hipótese central de uma de suas obras. Mas dificilmente um historiador do século XX – contemporâneo da História-Problema dos *Annales* e dos modernos desenvolvimentos marxistas – poderia se contentar em meramente girar em torno desta hipótese linear-descritiva, aqui formulada com um único predicado, e que se mostra como uma simples captadora de fatos.

O historiador moderno certamente iria querer saber não apenas que "Moisés era egípcio", mas também *por que* a literatura hebraica posterior

---

[95]. Hipótese mencionada por Antônio Carlos GIL em *Como elaborar projetos de pesquisa*. São Paulo: Atlas, 1996. p.36.

à sua época teria falsificado ou reconstruído esta informação. Assim, para um historiador problematizador dos nossos dias, esta hipótese teria de ser refinada para algo como: "Embora Moisés fosse na verdade egípcio, foi reconstruída e consolidada mais tarde uma imagem de que ele era judeu, em virtude de tais e tais interesses sociais (etc.)". Aliás, é preciso destacar que Freud tratou a hipótese da nacionalidade egípcia de Moisés neste sentido relacional mais amplo, não visando apenas descrever esta situação hipotética, mas sim refletir sobre suas implicações[96].

Na historiografia de hoje em dia, as "hipóteses casuísticas"* tendem a ser englobadas por hipóteses mais amplas, do tipo "analítico"*, que indagam prioritariamente pela relação entre vários fatores e que procuram compreender *por que motivo* os fatos ocorreram de determinada maneira e não de outra. Assim, não é que hipóteses casuísticas ou meramente descritivas estejam ausentes do discurso historiográfico (na verdade, estão sempre presentes ao longo da argumentação) – trata-se somente de perceber que este tipo de hipótese nem sempre funciona adequadamente como uma "Hipótese Central" (aqui entendida como aquela ou aquelas que orientam globalmente a Pesquisa ou um sistema dedutivo, e que constituem a dimensão norteadora da argumentação).

Para discutir estes aspectos em outros termos, seria dizer que a historiografia do século XIX foi construída predominantemente em torno de "hipóteses fenomenológicas", e a historiografia do século XX praticamente exige as hipóteses "representacionais". Bem entendido, as "hipóteses fenomenológicas"* são aquelas que permanecem na superfície dos fenômenos, limitando-se a descrevê-los. Seu objetivo é fundamentalmente o de esclarecer o funcionamento externo de um sistema ou as características de um determinado fenômeno.

---

[96]. O objetivo de Freud nestes dois textos é demonstrar que Moisés teria se tornado uma figura emblemática não por ser divinizado, mas precisamente por ter se mostrado uma figura extremamente humana. Além disto, em associação às ideias que já haviam sido desenvolvidas em *Totem e Tabu*, a argumentação desenvolvida pelo fundador da Psicanálise conduz à proposição de que a religião é uma tentativa de resgatar o assassinato primitivo do pai da horda (ou da religião) adorando-o. A hipótese casuística sobre a nacionalidade de Moisés, neste sentido, é mero ponto de partida para hipóteses relacionais mais amplas. Sigmund FREUD. *Moisés e a Religião Monoteísta*. Lisboa: Guimarães, 1990.

## 6. Hipóteses

Traduzindo para o âmbito historiográfico, as "hipóteses fenomenológicas" (que vêm juntar ao interesse pelo "eventual" das hipóteses casuísticas o interesse "descritivo") estão apenas preocupadas em motivar ou organizar a narração de uma sucessão de eventos ou de um processo, ou em pontuar a descrição de uma determinada sociedade histórica na sua riqueza de aspectos.

Já as "hipóteses representacionais"*, que tendem a coincidir com aquelas que têm um aspecto analítico, estão preocupadas não apenas com a descrição das sociedades e dos processos históricos, ou em expor um fato curioso ainda que simbolicamente importante; elas preocupam-se sobretudo em perscrutar as condições que estão na base da produção destes processos e situações histórico-sociais, ou em descobrir o *iceberg* por debaixo desta ponta de gelo que é o evento. Assim, para tomar emprestada uma metáfora das ciências exatas que é bastante utilizada nas ciências sociais, essas hipóteses preocupam-se em compreender os "mecanismos" que regem as sociedades, os sistemas sociais, os processos históricos.

Enfim, a historiografia do século XX – mais ancorada em hipóteses representacionais do que fenomenológicas – dá menos importância ao que Braudel chamou de "as espumas dos acontecimentos", e privilegia as "correntes profundas que as produzem". Assim, em relação à historiografia de superfície do século XIX, a historiografia do século XX apresenta uma profundidade maior, e trabalha com hipóteses mais complexas, mais relacionais, mais analíticas... mais representacionais (uma das exceções do século XIX foi, sem dúvida, a Filosofia da História de Marx e Engels, que já buscava na profundidade social as suas dimensões econômicas).

Por outro lado, é preciso acrescentar que as últimas décadas do século XX promoveram um maior equilíbrio entre descrição e explicação, evitando o repúdio extremo ao evento que marcou a "era Braudel", e permitindo-se a uma alternância mais salutar entre as descrições de superfície e as explicações de profundidade.

Em todo o caso, voltando ao aspecto da interação entre uma Hipótese e o seu Problema, é preciso dizer que mesmo a hipótese casuística e fenomenológica, se a quisermos bem formulada, deve esconder dentro de si o problema, interagindo com ele. Propor a hipótese de que "Moisés era egípcio" é tentar responder a um problema como "Qual a verdadeira nacionalidade (ou etnia) de Moisés?" E esta pergunta levará inevitavelmente a outras (ou deveria levar) no decorrer da argumentação. O Problema, enfim, é sempre a sombra que acompanha uma Hipótese.

• *A hipótese deve ter a forma de uma sentença declarativa*

Retomando os aspectos redacionais, deve-se ter em mente que a Hipótese deve vir necessariamente na forma de uma *sentença declarativa* (2). O Problema, conforme já vimos, pode até ser formulado sob a forma de uma indagação ("quais os fatores que favoreceram a rápida sujeição dos astecas pelos espanhóis comandados por Fernando Cortês?"). Mas a hipótese é sempre uma afirmação ("a rápida sujeição do Império Asteca pelos espanhóis comandados por Fernando Cortês deveu-se fundamentalmente à superioridade bélica destes últimos"). Uma afirmação, naturalmente, que tem uma natureza provisória, destinada à posterior verificação. Mas sempre uma afirmação.

• *A hipótese deve ser concisa*

Outra característica que se exige de uma boa hipótese é a *concisão* (3). A hipótese deve expressar todos os elementos necessários, com a menor quantidade possível de palavras. Nem devem faltar informações necessárias à especificidade da hipótese e à sua compreensão, nem devem abundar informações inúteis que, mesmo que estando corretas, estariam tornando o enunciado da hipótese desnecessariamente prolixo. Consideremos, ainda aproveitando o exemplo da Conquista da América, uma hipótese que fosse assim formulada:

> a rápida sujeição do Império Asteca, que naquele momento era governado por Atahualpa, pelos espanhóis comandados pelo nobre Fernando Cortês – autorizado pela realeza espanhola para encaminhar expedições de conquista no território mexicano e motivado pelas riquezas e honrarias que o sucesso do empreendimento poderia lhe oferecer – deveu-se fundamentalmente à superioridade bélica dos espanhóis, conhecedores que eram da pólvora e equipados com armaduras e espadas metálicas, para além dos cavalos de guerra, que para os nativos mexicanos pareceram monstros terríveis.

## 6. Hipóteses

Existem informações na formulação acima proposta que, neste momento, são francamente desnecessárias. Não é preciso alertar ao leitor, neste momento em que se deve primar pela concisão, para o fato de que os astecas eram governados por Montezuma, de que Fernando Cortês era um nobre que aceitara o comando da expedição de conquista em busca de riquezas e de honrarias, nem mesmo especificar a superioridade bélica dos espanhóis com as informações de que estes conheciam a pólvora, o armamento de metal e o uso de cavalos de guerra (estas informações poderão até ser mencionadas depois, mas não no momento sintetizador da formulação da hipótese). Muito menos é preciso mencionar aqui que os cavalos pareceram aos mexicanos "monstros amedrontadores". Estas informações são excessivas e desnecessárias.

Por outro lado, existem informações que poderiam ser acrescentadas, como o fato de que tudo isto se deu em alguns poucos anos (ao invés da informação mais vaga de que se tratou de uma "rápida sujeição"). Existem, portanto, algumas informações de menos, e muitas informações demais. A hipótese apresentar-se-ia mais concisa se assim fosse formulada:

> a sujeição do Império Asteca pelos espanhóis comandados por Fernando Cortês, entre 1519 e 1524, deveu-se fundamentalmente à superioridade bélica destes últimos.

É este tipo de concisão que deve ser buscado na elaboração de hipóteses: um cuidadoso equilíbrio entre uma economia de elementos redacionais e uma riqueza mínima de aspectos que necessariamente devem ser definidos ou explicitados.

• *A hipótese deve apresentar consistência lógica*

Dizer que a hipótese deve apresentar uma *consistência lógica* (4) – ou que ela deve mostrar uma coerência interna – significa dizer que, entre outras coisas, a hipótese nunca deve contradizer o seu enunciado, nem deve conter inconsistências ou tautologias, e que os seus vários elementos devem ter um encadeamento lógico ou uma interação efetiva.

Apenas para dar um exemplo típico de erro de enunciação, deve-se rejeitar qualquer espécie de *proposição tautológica*. A proposição tautológica, à qual já nos referimos quando discutimos os problemas de "definições", refere-se a este tipo de discurso que se movimenta em círculos – e que fingindo afirmar algo acaba não por não afirmar nada. Retomando o exemplo relativo à Conquista da América, seria tautológico dizer que "os espanhóis foram superiores belicamente aos mesoamericanos, porque estes possuíam menos armamentos e menos potencial bélico do que aqueles". Não se disse evidentemente nada de útil com esta relação de enunciados (é análogo a dizer: "Pedro é mais rápido do que Paulo, porque Paulo é mais lento do que Pedro").

Ainda a propósito das inconsistências lógicas, ocorre também que dois enunciados podem ser inteiramente verdadeiros sem que a relação estabelecida entre eles tenha qualquer consistência. Por exemplo: "a América foi descoberta pelos europeus porque a cultura renascentista apropriou-se de certas perspectivas estéticas da Antiguidade Clássica". Não há nada de errado com cada um dos fatores tomados isoladamente. O que é inadequada é a sua relação. Não parece ser possível relacionar estes dois fatores, que se colocam na verdade em referência a questões bem diferentes. Meramente sobrepostos como se fossem dois azulejos de desenhos diferentes, e falseados por uma inadequada mediação da conjunção "porque", os dois fatores propostos por esta hipótese inconsistente carecem de encadeamento lógico e de interação efetiva.

Um exemplo de incoerência interna relativa a contradições no enunciado está na seguinte redação de hipótese:

> A Revolução Americana, movimento revolucionário ocorrido na América em 1776, não foi verdadeiramente uma revolução, uma vez que não implicou em mudanças sociais radicais, mas apenas em uma libertação nacional.

Alguns problemas são evidentes na redação deste enunciado de hipótese. Se o que se pretende é sustentar que a "Revolução Americana" não foi efetivamente uma "revolução", por que o enunciado intermediário esclarece que a Revolução Americana foi um "movimento revolucionário" ocorrido na América em 1776? Talvez seja sequer recomendável aceitar, para esta hipótese, a designação "Revolução Americana" com relação ao movimento de independência americano, uma vez que esta categorização estaria também em contradição evidente com o que pretende demonstrar o autor da hipótese. Por outro lado, talvez o que a hipótese pretenda esclarecer é que este "movimento social de libertação"

## 6. Hipóteses

ocorrido na América não foi uma "revolução" no moderno sentido do termo (no sentido, por exemplo, proposto por Hannah Arendt ou por outros cientistas políticos). Talvez seja interessante, para evitar mal-entendidos, também especificar que "compreensão" está sendo atribuída ao conceito de "revolução". Uma nova redação poderia corrigir estes problemas:

> O movimento de libertação nacional ocorrido na América em 1776, e que muitos autores denominam "Revolução Americana", não foi efetivamente uma "revolução" no moderno sentido proposto por Hannah Arendt.

Com esta nova redação conseguiu-se a desativação de uma série de contradições internas ao antigo enunciado da hipótese. Ao definir os acontecimentos ocorridos na América em 1776 como "movimento de libertação nacional", o autor sai fora do circuito das contradições internas, e ao mesmo tempo chama atenção para o fato de que a contradição na verdade está naqueles autores que utilizam a denominação "Revolução Americana". Da mesma forma, deixa bastante claro que a sua afirmação está ancorada no uso moderno do conceito de revolução, e até cita uma referência teórica mais precisa (Hannah Arendt).

Contudo, pode ser que ainda fique uma ambiguidade no ar. Em primeiro lugar, é preciso esclarecer ao leitor em que consiste este moderno conceito de revolução proposto por Hannah Arendt. Em segundo lugar, com relação ao caso da Revolução Americana em especial, a autora Hannah Arendt era de opinião que este processo histórico representou de fato uma revolução no sentido compreendido modernamente.

Seria interessante – nos comentários à hipótese que poderiam ser feitos logo em seguida – esclarecer ao leitor de que o conceito de "revolução" proposto por Arendt vai além da mera ideia de um movimento social violento que subverte as estruturas políticas, implicando (a) não apenas em mudança política, mas em transformações sociais efetivas; (b) não apenas em "libertação", mas em um novo sentido de "liberdade"; (c) não apenas na idéia de que se vai restaurar uma ordem que fora perturbada por uma tirania injusta, mas na noção de que se está construindo algo efetivamente novo ("um novo começo"). Ou isto, ou como uma outra alternativa estas especificações do "moderno conceito de revolução" deveriam aparecer na própria hipótese, suprimindo-se neste caso a indicação relativa a Hannah Arendt e deslocando-a, talvez, para uma nota de pé de página.

Em segundo lugar, é preciso esclarecer ao leitor que se está tomando de Hannah Arendt *apenas* a sua formulação de um "moderno conceito de Revolução", e não as suas opiniões ou análises sobre os possíveis enquadramentos de processos históricos específicos na categoria "revolução". Afinal, nestas análises Hannah Arendt considera o movimento social que gerou a Independência Americana como efetivamente uma "revolução", por razões que ela apresenta argumentativamente. Diante de uma hipótese que afirmasse que este movimento social não foi uma revolução segundo o conceito proposto por Arendt, poderia parecer ao leitor que o autor da hipótese está caindo em contradição. É preciso que ele esclareça que concorda com a formulação teórica de Arendt mas não com a sua avaliação histórica.

Seria possível também desdobrar mais comentários esclarecedores, explicando-se para o leitor (de forma ainda sintetizada) por que motivo o movimento da Independência Americana não cumpre na opinião do autor este ou aquele aspecto que seria elemento constitutivo do "moderno conceito de revolução". Desdobrar a hipótese mais ampla em um ou mais dos aspectos particulares relacionados ao conceito de revolução proposto seria encadear uma sub-hipótese que passaria a especificar um ou mais elementos da hipótese principal, o que seria bastante válido.

Aproveitamos aqui para salientar que, habitualmente, depois de enunciar a hipótese proposta de maneira simplificada e econômica, vale a pena desdobrar alguns comentários mais esclarecedores. Neste caso, o texto da hipótese propriamente dita deve vir com algum recuo e com letras de tamanho diferente, para diferenciar claramente da parte que é apenas comentário.

• *A hipótese deve ser clara, e apresentar exatidão conceitual*

No último subitem, vimos que a utilização de termos ambíguos, ou ainda o confronto indevido de expressões contraditórias, podiam prejudicar seriamente a consistência interna de uma hipótese. O saneamento de determinadas expressões, a sua substituição por outras mais adequadas e a explicitação do sentido em que estariam sendo utilizadas podem colabo-

## 6. Hipóteses

rar sensivelmente para a produção de um texto com maior nível de *clareza* (5) e *exatidão conceitual* (6), eliminando confusões e ambiguidades.

Para que uma hipótese seja clara, é preciso que ela só inclua "conceitos comunicáveis"[97]. Da mesma forma não adianta utilizar termos vagos e imprecisos. Seria pouco útil do ponto de vista da ciência histórica dizer, por exemplo, que uma determinada sociedade atingiu seu ponto de desenvolvimento "ideal" no século XII. O que se quer dizer com "ideal"? Como se mede, ou a que se refere esta "idealidade"? Da mesma forma, é despropositado dizer que "a arte bizantina apresentou desenvolvimentos mais interessantes do que a arte romana do mesmo período". "Interessante" é adjetivo vago, e de qualquer modo os diversos critérios possíveis de apreciação artística são sempre excessivamente carregados de subjetividade (rigorosamente seriam mais válidos em uma obra de "crítica de arte" do que em um trabalho historiográfico sobre a arte).

Seria mais útil afirmar que uma certa sociedade atingiu seu ponto máximo de centralização estatal no século XII, ou que a arte bizantina de determinado período caracterizou-se por um predomínio de tais ou quais técnicas, por um interesse mais específico nestas ou naquelas temáticas, ou por uma certa forma de interação entre o artista e a sua sociedade. Neste caso, as afirmações deixam de ser vagas e começam a receber um delineamento mais esclarecedor, que as torna utilizáveis do ponto de vista científico.

Dizer, por exemplo, que uma certa comunidade apresenta um nível de religiosidade mais intenso do que outra, pode parecer muito vago. Dizer que esta comunidade manifesta a sua religiosidade com uma freqüência aos cultos religiosos que supera amplamente a frequência aos cultos análogos em uma outra comunidade – isto sim já apresenta informações mais precisas, inclusive passíveis de serem mensuradas no decorrer da demonstração da hipótese (através, por exemplo, da quantificação da média de idas ao culto dominical nos dois grupos e numa faixa específica de tempo).

A partir destes exemplos deve se compreender que certas expressões – demasiado vagas ou impregnadas de valorações de gosto ou afetivida-

---

[97]. Madeleine GRAWITZ. *Métodos y técnicas de las ciencias sociales.* Barcelona: Hispano Europea, 1975. V.I. p.81-82.

de – devem ser evitadas em um enunciado de hipótese (como também na definição de conceitos). Trata-se, sempre, de evitar a todo custo o uso de "conceitos incomunicáveis".

Grosso modo, existem cinco grupos de situações que podem dificultar ou impedir a comunicabilidade de uma hipótese: (a) quando ela se utiliza de expressões vagas ou mesmo vazias de sentido; (b) quando ela representa francamente juízos de valor ou aferições de cunho pessoal; (c) quando, utilizando expressão polissêmica, não se faz acompanhar por um comentário esclarecedor acerca do sentido que lhe empresta o autor; (d) quando são utilizadas expressões pouco conhecidas, a não ser da parte de um grupo muito reduzido de especialistas; (e) quando a redação é demasiado confusa ou excessivamente prolixa.

Apenas para exemplificar alguns destes casos, vejamos cinco exemplos de hipóteses respectivos a cada uma destas situações:

(a) **Utilização de expressões vagas**. "Jânio Quadros, Presidente do Brasil que renunciou ao mandato em 1962, foi excluído do poder central em decorrência da atuação de forças ocultas, que inviabilizaram o prosseguimento da sua atuação política".

*Comentário*: "forças ocultas", naturalmente, não faz nenhum sentido em análise política ou historiográfica, a não ser como elemento de um discurso que deve ser decifrado e analisado. Da mesma forma, é preciso prestar maiores esclarecimentos a respeito do que consistiria, de acordo com a hipótese proposta, esta "atuação política" de Jânio Quadros que teria gerado a resistência de uma determinada coligação de forças políticas (cuja natureza e composição, aliás, também deve ser especificada na hipótese). Falar em "forças ocultas" (expressão do próprio presidente deposto) pode ficar bem em uma frase de efeito pronunciada para a mídia, mas não em uma obra de História e de Ciência Política que pretenda refletir seriamente sobre aqueles acontecimentos políticos tão marcantes do início da década de 1960.

(b) **Emissão de juízos de valor**. "D. Afonso X foi o melhor governante da Península Ibérica no século XIII, tendo promovido amplamente a cultura e empreendido, na primeira parte de seu governo, uma centralização política que permitiu o aprimoramento das instituições monárquicas".

## 6. Hipóteses

*Comentário*: "melhor" para quem? Para que setores da sociedade? Ou terá sido "melhor" para o autor da hipótese, que simpatiza com um determinado estilo de governar ou com um determinado padrão de organização estatal? "Melhor", mesmo considerando que tal expressão não indicasse um juízo de valor, em comparação a que outros governantes e em confronto com que contextos? O conteúdo pretendido para a expressão "melhor", utilizada neste enunciado de hipótese, é na verdade incomunicável do ponto de vista científico. Poderíamos seguir adiante no rastreamento da incomunicabilidade de determinadas expressões ou afirmações presentes nesta hipótese: por exemplo, o que significa "promover amplamente a cultura"? Que tipo de cultura? Ou ainda, por que a condução de um processo de "centralização política" é apontada como justificativa para uma valorização positiva do rei Afonso X pelo enunciador da hipótese? Se fosse possível fazer um diagnóstico da hipótese proposta, poder-se-ia dizer que os seus momentos de incomunicabilidade provêm da interferência de juízos de valor que passam como se fossem pressupostos por todos aceitos, além da utilização de termos que carecem de esclarecimentos e de maior precisão.

(c) **Uso de expressões polissêmicas não esclarecidas**. "Joaquim José da Silva Xavier, o Tiradentes, foi muito menos um herói do que um mito; a construção de sua imagem de mártir foi produto da ideologia".

*Comentário*: "mito" e "ideologia" são conceitos importantes nas Ciências Humanas, e devem ser utilizados (não é o mesmo caso de expressões como "melhor" ou "interessante"). Contudo, são expressões polissêmicas, que podem apresentar sentidos diversos conforme o âmbito teórico ou as intenções do autor, e por isto convém que sejam melhor esclarecidos quando aparecerem em um enunciado de hipótese. Isto não precisa ocorrer necessariamente no próprio enunciado da hipótese. Para tornar a redação da hipótese mais sintética, o esclarecimento sobre os sentidos que se pretende atribuir a estes conceitos pode ser encaminhado após a enunciação da hipótese, em um conjunto de comentários que visem esclarecer estes e outros aspectos. "Ideologia", por exemplo, deve tanto ter seu sentido claramente esclarecido no conjunto de comentários, como deve vir mais especificada no próprio corpo da hipótese (por exemplo: "...a construção da sua imagem de mártir foi produto da ideologia expressa pela historiografia da primeira República, que estava preocupada em erigir símbolos nacionais que pudessem ser contrastados com os antigos símbolos de uma realeza ainda bastante presente no imaginário popular". Quanto a "mito", pode-se empregar uma expressão mais precisa como "mito político", para evitar confusões com outros sentidos possíveis para este conceito, e ainda podem ser acrescentadas referências teóricas, mesmo que através de notas de rodapé, para que a expressão utilizada adquira uma maior inserção teórica[98].

(d) **Uso de expressões pouco conhecidas sem maiores esclarecimentos**. "Durante a participação de Portugal nas lutas da Reconquista, o período situado entre 1175 a 1230 correspondeu a um esmorecimento em termos de avanços territoriais, o que ocasionou uma interrupção naquela distribuição de terras que vinha sendo realizada à medida que se avançava para o sul e que até então beneficiara tanto a nobreza senhorial como as propriedades vilãs alodiais; em vista disto, produziu-se um desequilíbrio entre o franco crescimento demográfico e os recursos econômicos do país, ocasionando um *excesso social de população*".

*Comentário*: À primeira vista, alguém pode estranhar a expressão "excesso social de população", ao invés simplesmente de "excesso de população". Pode ficar no ar a impressão de pleonasmo, por aproximação entre "social" e "população". Trata-se na verdade de um conceito específico elaborado por Norbert Elias em *O Processo Civilizador*, e que ninguém é obrigado a conhecer a não ser que esteja familiarizado com esta obra. Em vista disto, se o autor de uma hipótese pretende incluir este conceito em seu enunciado, e com o mesmo sentido empregado por Elias, convém prestar esclarecimentos adicionais ao leitor, remetendo à própria obra de onde o conceito foi adaptado. Seria suficiente, no grupo de comentários apresentado em seguida à hipótese, ou então por intermédio de notas de pé de página, transcrever o seguinte trecho de *O Processo Civilizador*: "O 'excesso de população' é acima de tudo uma expressão descritiva do cres-

---

98. Sobre o "mito político" já existe uma bibliografia significativa. Pode-se começar por consultar o verbete "mito político" de Tiziano BONAZZI, incluído no *Dicionário de Política* organizado por Norberto Bobbio (Brasília: UNB, 2000, p.754-762). O diálogo teórico deve ser buscado em autores como Jean SOREL, GURVITCH, ou Roland BARTHES (este último na obra *Miti d'oggi*. Milano: Lerici, 1962). Tem-se um periódico inteiramente dedicado ao "mito político" nos *Cahiers Internationaux de Sociologie*, julho-dezembro de 1962.

## 6. Hipóteses

cimento demográfico em uma dada área até o ponto em que, na estrutura social existente, a satisfação das necessidades básicas só é possível para um número cada vez menor de pessoas. Por isso mesmo, deparamos com "excesso de população" apenas em relação a certas formas sociais e a certo conjunto de necessidades, ou seja, um excesso social de população" (Norbert Elias, *O Processo Civilizador*. v.2. p.40-41).

(e) **Redação confusa ou então prolixa**. "Adolf Hitler, pintor frustrado que acabou direcionando-se para a política radical de direita (embora a menção ao aspecto de frustração com relação à pintura talvez não passe de estratégia depreciativa desenvolvida pela historiografia europeia posterior à primeira guerra), manifestou desde cedo o seu ódio aos judeus, que procurou canalizar ao longo da sua atuação política através do culto ao tipo ideal alemão de raça ariana (tipo físico, aliás, do qual ele mesmo não era um bom representante), mas devendo-se notar que as causas da ascensão do nazismo não se restringem somente ao âmbito da figura de Hitler, já que são muito mais profundas e remetem na verdade a uma combinação de fatores que incluem o atraso da Alemanha na política imperialista europeia (uma vez que a Alemanha só conseguiu tardiamente a sua unificação a partir da atuação de Bismarck no último quartel do século XIX), e que também incluem a crise social em que se viu mergulhada a Alemanha após a sua derrota na Primeira Guerra Mundial, na qual Adolf Hitler já participara como cabo do exército alemão, sem contar ainda outro fator importante que foi o fenômeno do antissemitismo, já presente na Alemanha em períodos bastante anteriores aos eventos políticos mais imediatos que conduziram à Primeira e à Segunda Guerras Mundiais".

*Sem comentários...*

Formular uma hipótese com clareza, enfim, significa cuidar da elaboração do texto atentando para inúmeros fatores, que vão desde a utilização de "conceitos comunicáveis" e da expressão atentando para uma economia de enunciado, até o cuidado de desfazer possíveis ambiguidades e de deixar esclarecidas as escolhas do autor dentro de um eventual polissemismo existente.

- *A hipótese deve interagir com a teoria e com os métodos*

Fora a necessária interação da hipótese com o Problema, já discutida, espera-se da Hipótese simultaneamente uma interação com a Teoria e com a Metodologia (7). Este aspecto já foi mencionado por ocasião da discussão da "função norteadora" da hipótese, mas vale a pena rediscuti-lo em maior profundidade. De certa forma, a hipótese pode ser vista como uma espécie de elo entre a teoria e a metodologia que serão empregadas na pesquisa. É de um Quadro Teórico mais amplo que as hipóteses emergem, e é a partir delas que serão escolhidos as técnicas, os métodos, os instrumentos necessários a sua própria verificação.

Vimos isto no primeiro item deste capítulo, quando a partir de um problema imaginado no âmbito da vida cotidiana (a súbita falta de energia em um aparelho de televisão), foram sendo formuladas hipóteses sucessivas que implicaram, cada uma delas, em uma metodologia de verificação. Para problemas científicos, as hipóteses também irão gerar necessariamente metodologias, ou pelo menos permitir uma escolha dentro da infinidade de recursos metodológicos existentes. Se se trata de uma hipótese que faz referência a valores quantificáveis, pode ser que sejam apropriados métodos quantitativos ou estatísticos; se for uma hipótese que faz referência à presença de aspectos ideológicos em um determinado tipo de discurso, talvez consistam em uma boa escolha os diversificados métodos de análise textual, que contam com desenvolvimentos importantes nos campos da crítica literária, da semiótica, da análise de discurso, da lexicografia, e assim por diante.

A Teoria, representando uma determinada maneira de ver o mundo ou um certo campo de estudos, também deve apresentar interação com as hipóteses, constituindo-se na verdade no seu alicerce. Se acredito que a história é a expressão da luta de classes, é muito possível que as hipóteses por mim encaminhadas para a resolução de determinados problemas apontem para a identificação e esclarecimento das contradições sociais. Se vejo a sociedade como um grande organismo social, é possível que logo surjam hipóteses relacionando as instituições e os grupos sociais a funções a serem desempenhadas no interior deste grande organismo. Se encaro a sociedade a partir de estruturas invariantes de fundo, minhas hipóteses enunciarão por sob a diversidade de fenômenos sociais e de pro-

## 6. Hipóteses

dutos culturais a presença de certos elementos que seriam comuns a todos os povos ou culturas.

Cada uma destas maneiras de ver o mundo, por outro lado, anseia por encontrar determinadas maneiras de agir no mundo. As teorias buscam métodos para se concretizarem através da resolução de problemas específicos, e o caminho que permite este acordo entre o "ver" e o "fazer" é precisamente a Hipótese – intermediária necessária entre o geral e o específico, entre o mundo abstrato dos conceitos e o mundo concreto dos métodos que são concebidos como caminhos para atingir objetivos determinados.

• *A hipótese deve ser suficientemente específica*

Se possível, uma hipótese deve conter referências empíricas que a delimitem e a tornem mais precisa (8).

Uma hipótese expressa em termos demasiado "gerais" frequentemente não pode ser verificada (retornaremos a isto mais adiante, quando discutirmos o subitem "verificabilidade"). Por isto, em geral cada hipótese deve se referir a uma unidade de observação bem definida, que estará associada a uma análise de populações, objetos, atividades, instituições, sociedades ou acontecimentos concretos que constituem o objeto da pesquisa.

Em História, a especificação requerida a uma hipótese vem habitualmente acompanhada de delimitações temporais, espaciais e sociais. Uma vez que se reconheça que qualquer sociedade está sujeita a constantes mutações, tanto sincrônicas como diacrônicas, não é possível pretender, por exemplo, que um determinado padrão de crescimento urbano válido para certas cidades americanas do século XX seja também perceptível, sem variações, nas cidades europeias da Idade Média ou do princípio do período moderno.

Por isto uma hipótese generalizadora como a dos "círculos concêntricos" de Burgess deve fixar as suas referências empíricas, o seu espaço de validade, a sua temporalidade. De igual maneira, uma hipótese como a de Todorov sobre o papel do choque cultural nas sociedades astecas deve vir encaminhada a partir de referências empíricas precisas, e a sua aplicabilidade às populações pré-colombianas urbanizadas, de uma maneira geral, só será possível depois que se desenvolverem novas pesquisas que testem as proposições de Todorov em um novo universo empírico, como a sociedade incaica contra a qual se defrontou Pizarro à frente de um outro grupo de conquistadores espanhóis.

• *A hipótese deve ser relevante*

Uma Hipótese, como foi dito na abertura deste capítulo, deve contribuir efetivamente para um maior esclarecimento do problema estudado. Pode se dar que um certo problema seja relevante, mas as hipóteses propostas para o seu encaminhamento não apresentem nenhuma relevância em relação a ele (o que significa dizer que o problema aponta em uma direção e a hipótese uma outra).

Assim, para retomar o já examinado problema das "verdadeiras razões que estariam por trás da rapidez e facilidade com que se deu a Conquista da América pelos espanhóis no início do século XVI", seria irrelevante elaborar uma hipótese sobre "os padrões estéticos que predominavam nos templos astecas daquele período". Uma tal hipótese nada acrescenta ao problema central a ser discutido. Nesta pesquisa, ela se mostra uma hipótese deslocada ou mesmo desnecessária, embora em outra pesquisa, que aborde por exemplo uma "caracterização da arte asteca", ela possa vir a se constituir em uma hipótese relevante e até mesmo imprescindível.

Pode se dar ainda que nem o problema e nem a hipótese sejam relevantes com relação ao que se espera do conhecimento científico (em que pese que é sempre uma questão extremamente delicada alguém decidir que tipos de problemas científicos são relevantes para esta ou para aquela sociedade).

Podemos falar, desta forma, tanto em uma "relevância interna", através da qual a hipótese mostra-se articulada à pesquisa na qual se insere, como também em uma "relevância externa", através da qual a hipótese mostra-se articulada ao conhecimento científico de uma maneira geral, às práticas e expectativas sociais que a este conhecimento se articulam, e assim por diante. Neste particular, para mencionar mais especificamente

## 6. Hipóteses

o caso da pesquisa historiográfica, convém lembrar o célebre texto de Michel de Certeau sobre a *operação historiográfica*[99], onde o autor ressalta que qualquer pesquisa histórica encontra-se necessariamente inscrita em um determinado "lugar de produção".

Frequentemente o que define a relevância de um tema ou de uma hipótese, queira o historiador ou não, é um lugar social bastante complexo, que possui dimensões sociais mais amplas e também dimensões institucionais muito específicas. É este "lugar social" que abre espaço para determinados temas, ao mesmo tempo em que interdita outros. Assim, pode se dar que o corpo de pesquisadores de uma certa instituição – ou mesmo a Diretoria desta instituição – mostre uma extrema resistência com relação ao encaminhamento de determinado tema ou à formulação de determinada hipótese. Neste caso, o melhor que pode fazer o historiador interessado é buscar uma outra instituição ou um outro contexto em que o tema ou a hipótese sejam melhor aceitos.

Assim, por exemplo, dificilmente alguém poderia obter o financiamento do Museu Villa-Lobos do Rio de Janeiro para uma pesquisa que apresentasse como hipótese central a sugestão de que a projeção nacional e internacional do compositor brasileiro Heitor Villa-Lobos só se concretizou em virtude das alianças políticas do compositor com o esquema político de Getúlio Vargas. Se o Museu Villa-Lobos foi criado precisamente para preservar a obra e memória deste compositor brasileiro, tal hipótese, ao desqualificar a importância estética da produção musical de Villa-Lobos, coloca em xeque a própria Instituição na qual ela pretende se inscrever.

Da mesma forma, para dar um exemplo ainda mais extremo, seria irrelevante, ou na verdade absurda, uma pesquisa de Mestrado em História em que o autor sustentasse a hipótese de que o conhecimento histórico é efetivamente impossível ou desnecessário. Se o autor acredita que o conhecimento histórico é impossível, desnecessário, ou irrelevante – e que portanto a disciplina História simplesmente não deveria existir –, por que razão ele deseja se tornar "Mestre em História"? Melhor seria

---

[99]. Michel de CERTEAU. "A operação histórica". In *A Escrita da História*. Rio de Janeiro: Forense, 1982. p.65-119.

que esta tese fosse defendida em uma Faculdade de Filosofia, lugar institucional em que não estaria mais deslocada. Em tempo: o que é irrelevante, neste caso, não é a enunciação da hipótese, mas a sua enunciação em um lugar institucional específico que está em flagrante contradição com a hipótese enunciada.

Pode se dar ainda que a hipótese apresente irrelevância, ou mesmo total incompatibilidade com relação ao "lugar social" mais amplo, para além do mero espaço institucional. O tema do nazismo, por exemplo, é extremamente relevante na atualidade, sobretudo em virtude do caráter traumático que este fenômeno social desempenhou na história mais recente da humanidade. Mas seriam pouco sustentáveis, nos meios acadêmicos europeus da atualidade, hipóteses que se mostrassem simpáticas à ideologia nazista. Dificilmente encontraria um espaço institucional uma tese de doutorado que se propusesse a demonstrar que Hitler efetivamente tinha razão ao propor o extermínio de milhares de judeus e de outros grupos humanos que estavam aprisionados nos campos de concentração da Alemanha por ocasião de seu governo. Uma hipótese sobre a superioridade da raça ariana ou seria considerada irrelevante, já que se desenvolveram mais recentemente pesquisas que comprovam a insustentabilidade de teorias de superioridade racial, ou seria considerada socialmente perigosa, em virtude da existência de grupos neonazistas ainda na Europa dos dias de hoje.

Também pode se dar que um certo tema, acompanhado de determinadas hipóteses, não apresente relevância com relação às expectativas atuais da disciplina em questão. Seria considerada irrelevante uma tese em História ou em Sociologia que propusesse a hipótese de que "os emergentes do Rio de Janeiro, em contraste com as elites tradicionais da mesma cidade, têm preferido esta ou aquela marca de perfume nos últimos dez anos". Mas pode ser que uma certa indústria de cosméticos se propusesse precisamente a financiar uma pesquisa direcionada por esta hipótese, com a finalidade de lançar um novo produto que almejasse conquistar as preferências de um determinado público-alvo. A relevância de uma hipótese pode se transformar, conforme vemos, à medida que deslocamos as coordenadas do seu "lugar de produção" ou que alteramos os objetivos da pesquisa em que ela se insere.

## 6. Hipóteses

• *A hipótese deve ser pertinente*

A hipótese deve constituir uma proposição que mereça ser investigada ou que instigue a curiosidade científica (o que em alguns casos remete aos aspectos que já foram discutidos no subitem anterior). Da mesma forma, a hipótese não deve ser óbvia, nem indicar uma certeza; mas sim uma probabilidade, uma suspeita, uma reflexão mais complexa. Deve ser *pertinente* com relação à sua própria condição de hipótese (10).

Conforme já foi dito, uma afirmação evidente *não* é uma hipótese. Pode ser meramente um enunciado empírico, já amplamente comprovado, ou mesmo um axioma\*, que é uma afirmação aceita sem controvérsias e sem a necessidade de ser comprovada. Não pode ser colocada como hipótese a afirmação de que "as mulheres na Idade Média eram submetidas a uma organização social regida por um poder essencialmente masculino", porque esta afirmação já se mostra evidente por tudo o que já se conhece do período medieval e não haveria qualquer pertinência em desenvolver uma pesquisa para demonstrá-la. Pertinente seria a hipótese de que, "mesmo dentro de um espaço de poder essencialmente masculino, a mulher encontrou estes ou aqueles espaços de resistência" (neste caso, para tornar esta hipótese mais pertinente, seria o caso de especificar que espaços de resistência seriam estes).

Para ser pertinente, a Hipótese deve superar a *obviedade* e se tornar mais *complexa*, mais refinada. Deve superar a *superficialidade* das meras afirmações empíricas para adquirir uma maior *profundidade* que relacione estas afirmações. Ela deve, por fim, conter algo de novo – e não repetir simplesmente algo que já se sabe (fator *originalidade*).

• *A hipótese deve ser plausível*

O critério da plausibilidade como requisito necessário a uma boa hipótese é o mais sujeito a controvérsias. Alguns autores sugerem que a hipótese deve ser necessariamente compatível com o conhecimento científico já existente ou com outras hipóteses já comprovadas. Mario Bunge, por exemplo, considera esta "compatibilidade com o corpo de conhecimentos científicos" como um aspecto relacionado à "consistência lógica" da hipótese, mais propriamente à sua "consistência externa".

Este aspecto, contudo, é problemático quando examinamos a riquíssima história do conhecimento humano. Feyerabend, em um livro brilhante[100], procurou mostrar precisamente que, se as hipóteses científicas não tivessem ao longo da História da Ciência contrariado os preceitos científicos já aceitos e também transgredido as regras metodológicas existentes, o conhecimento científico não teria efetivamente progredido. Se assim não fosse, a chamada revolução copernicana da ciência não poderia ter proposto a hipótese do heliocentrismo em oposição ao sistema vigente que era o geocentrismo de Ptolomeu.

• *A hipótese deve ser verificável*

De nada adianta formular uma hipótese que não traga consigo possibilidades efetivas de verificação (12), seja para ser confirmada ou para ser refutada. É verdade, por outro lado, que diversas hipóteses que foram demonstradas apenas no âmbito dedutivo, ou outras que durante muito tempo permaneceram nas proximidades do âmbito conjectural, só tiveram a sua comprovação empírica muito tempo depois, com a realização de experimentos ou com a percepção posterior de determinados fenômenos com ela relacionados. Diversos dos desdobramentos da "Teoria da Relatividade" de Einstein, por exemplo, só puderam ser confirmados bem posteriormente à enunciação daquela teoria e de suas implicações.

No caso da História – uma vez que esta não lida com *hipóteses preditivas\** como a Física, mas sim com hipóteses construídas sobre análises de fatos, de dados e de indícios do passado que lhes chegam através das fontes e documentos – a "comprovação empírica" de hipóteses sob a forma imediata de "diálogo com as fontes" é a prática corrente do historiador. Isto não impede, por outro lado, que trabalhos posteriores possam reforçar as conclusões de uma pesquisa primeira, funcionando como reforços posteriores de verificação. Mas em todo o caso, tratando-se de verificações imediatas ou de verificações posteriormente incorporadas, a História modernamente concebida não lida com comprovações definitivas, a não ser no âmbito dos dados empíricos (vale dizer, posso comprovar definitivamente uma informação, mas não a validade de uma de-

---

100. P. FEYERABEND. *Contra o Método*. Rio de Janeiro: Francisco Alves, 1989.

## 6. Hipóteses

terminada análise interpretativa que estabeleci sobre uma certa conexão de fatos).

Com relação aos processos de *verificação*, esta pode ou ser obtida de maneira direta a partir do próprio enunciado da hipótese (quando este enunciado é confrontado com os dados empíricos que o confirmarão ou que o contestarão) ou pode ser obtida mais propriamente a partir de suas consequências. Neste caso, o que se faz é deduzir da hipótese matriz certas implicações passíveis de comprovação empírica. Assim, lembrando outra vez as hipóteses centrais apresentadas por Einstein na "Teoria da Relatividade", estas conduziram por dedução a algumas implicações passíveis de posterior comprovação empírica... como a de que, nas proximidades de corpos de grande massa, a luz sofreria um desvio perceptível[101].

Outro aspecto a ser considerado para que uma hipótese conserve um razoável potencial de verificabilidade relaciona-se à busca de uma dosagem entre "generalização" e "especificidade". Tal como já foi mencionado antes, para além de seus aspectos generalizadores uma hipótese deve ser por um lado "minimamente específica" (8), e por outro lado deve ser dotada de "precisão conceitual" (6). Estes aspectos, já discutidos, interferem diretamente sobre a verificabilidade de uma hipótese.

Assim, uma hipótese demasiado generalizadora, ou formulada em termos muito gerais, frequentemente não pode ser verificada. É necessário, amiúde, especificar na própria hipótese o que se pretende ou o que se pode verificar. Para lembrar um exemplo atrás mencionado, uma hipótese que se refira de maneira muito geral à... maior "religiosidade" de uma determinada comunidade em relação a uma outra... pode ser substituída por uma hipótese mais eficaz, mais específica e portanto verificável, que se refira à "frequência aos cultos religiosos". Isto porque "religiosidade" é uma formulação demasiado geral e imprecisa, mas "frequência aos cultos religiosos" é uma formulação mais específica, e que pode ser mensurada.

Em síntese, a verificabilidade de uma hipótese depende por um lado de alguns aspectos internos ao seu enunciado, como a presença de referências empíricas mensuráveis ou passíveis de análise, ou ainda a precisão conceitual. Por outro lado, depende também de aspectos externos,

---

**101.** Esta implicação foi comprovada em 1919, por ocasião de um eclipse solar.

como a existência de técnicas disponíveis que permitam o confronto da hipótese com dados empíricos ou com análises elaboradas a partir destes dados. Outro fator externo necessário à verificação de uma hipótese, naturalmente, é a própria existência de materiais ou de fontes que relacionem a hipótese formulada abstratamente com alguma situação concreta. Em História, por exemplo, é o mesmo que dizer que é inócua a formulação de uma hipótese sem que estejam previstas as fontes ou documentos necessários para a sua comprovação.

## 6.4. A Hipótese em seu momento criador

Não é difícil fixar as normas para a elaboração – aqui entendida no seu aspecto redacional – de uma boa hipótese, tal como pudemos verificar no item anterior. Mais difícil, entretanto, é buscar normatizar elementos relacionados ao momento primordial da criação de uma hipótese.

Criar uma hipótese, já se disse, remete a aspectos relacionados ao que há de mais sofisticado na imaginação humana. Algumas vezes, o momento quase mágico da criação de uma hipótese genial – por um grande cientista como Arquimedes ou Galileu – parece aproximar surpreendentemente a Ciência... da Arte. De Morgan teria se referido a este ato primordial da pesquisa e da elaboração do conhecimento científico da seguinte forma:

> Uma hipótese não se obtém por meio de regras, mas graças a esta sagacidade impossível de descrever, precisamente porque quem a possui não segue, ao agir, leis perceptíveis para eles mesmos[102].

Assim mesmo, é possível pelo menos apontar os caminhos a partir dos quais uma hipótese se materializa para cumprir as várias funções registradas no item anterior.

• *Elaboração por* Analogia

O caminho aparentemente mais fácil é o da *Analogia*. Como em qualquer atividade na vida, uma excelente estratégia é seguir os passos

---

102. DE MORGAN, *apud* Alfonso Trujillo FERRARI. *Metodologia Científica*. São Paulo: McGraw-Hill, 1982. p.131.

## 6. Hipóteses

de um andarilho mais experiente na viagem do conhecimento. Não exatamente para copiá-lo, mas para adaptar uma determinada possibilidade ao novo objeto de estudos que construímos. Uma hipótese, neste sentido, pode ser obtida através da analogia com outra já bem-sucedida, e que mostre aplicabilidade em pesquisas que não aquela para a qual ela foi originalmente produzida.

Para retomar o exemplo da hipótese de Todorov sobre "a importância do choque cultural na sujeição dos povos astecas", é possível aventar que esta hipótese, que foi utilizada com tanta maestria para examinar a conquista do império asteca, seja também aplicável ao estudo da "sujeição dos povos incas". Estaremos neste caso investindo na "analogia", com base no fato de que os povos mexicanos tinham muitas coisas em comum em relação aos incaicos, particularmente no que se refere ao mesmo modo de confrontação cultural que foi produzido diante da chegada dos espanhóis.

Para criar uma hipótese por analogia, naturalmente, o historiador deve agir com a prudência de verificar se são realmente efetivas as condições existentes entre a sua realidade de estudos e a realidade de estudos que havia produzido a hipótese original. Não há maior perigo para o historiador, e nem maior crítica a ser recebida dos seus pares, do que o deslize do "anacronismo", que consiste em importar uma análise ou reflexão que é válida para determinada realidade histórica para outra, sem a devida reflexão crítica e as necessárias adaptações.

Munido das devidas precauções, um historiador pode criar uma nova hipótese inspirado na leitura de uma certa obra. A adaptação de uma hipótese a uma nova realidade, ou mesmo à própria realidade que havia sido trabalhada por outro autor mas agora vista de um novo prisma, pode ensejar modificações substanciais na hipótese inspiradora. Vimos atrás como a hipótese do crescimento em "círculos concêntricos" de Burgess gerou outras possibilidades, propostas por sociólogos como Hoyt, Harris ou Ullman.

A analogia como fonte geradora de hipóteses pode se dar não apenas por observação ou inspiração de outras hipóteses, mas também por inspiração de processos diversificados perceptíveis em outros campos do conhecimento ou mesmo na vida cotidiana. Fundamentalmente, a "analogia" é aquele processo de conhecimento através do qual o sujeito promove associações entre dois ou mais fenômenos através da captação de aspectos similares (ou percebidos como similares) que existiriam entre eles.

Assim, pode se dar o caso de que observações do universo circundante ou de fenômenos naturais promovam a construção de hipóteses por analogia. Foi por analogia em relação ao crescimento da célula, que passou a ser identificado com maior precisão pelos cientistas a partir do uso mais sistemático do microscópio, que alguns sociólogos da chamada "Ecologia Urbana" construíram um modelo teórico de crescimento urbano.

Da mesma forma, a analogia em relação a um outro campo do conhecimento humano pode ajudar a formular hipóteses. Para continuar com mais um exemplo relativo à Ecologia Urbana, o fenômeno da "segregação", relacionado à coexistência em uma mesma superfície vegetal de tipos de população de micro-organismos que exercem atividades diferenciadas e que não se misturam, gerou a possibilidade de importar este modelo de visualização para os fenômenos de divisão social que se operam no interior de uma cidade, dando origem tanto à formulação da noção de uma segregação espacial, claramente localizada em uma distribuição de tipos de população por bairros específicos em diversas cidades, como também dando origem à ideia de uma segregação social não espacializada, que discrimina através das relações no mundo do trabalho, do acesso a determinados ambientes, do poder econômico, e sobretudo da dimensão simbólica (um automóvel de último tipo como indicativo de nobreza, o uso do vestuário como demarcador social, e assim por diante)[103].

Também os positivistas e outros pensadores do século XIX produziram analogias diversas entre as sociedades e o mundo natural. Augusto Comte e Spencer, por exemplo, construíram por analogia hipóteses que comparam o desenvolvimento das sociedades ao desenvolvimento de organismos vivos[104]. Comte chegou a falar em uma "fisiologia social", ao mesmo tempo em que na "Teoria dos Três Estágios" compara o pro-

---

103. Um dos responsáveis pela adaptação do conceito de "segregação" ao campo da sociologia urbana foi HOLLINGSHEAD, da Escola de Chicago*.

104. A obra de Herbert SPENCER que se desenvolve nesta direção é *Princípios de Sociologia* (1876-1896).

## 6. Hipóteses

cesso de amadurecimento da sociedade ao processo de amadurecimento de um indivíduo humano. Do mesmo modo, Spencer formulou a hipótese de que as sociedades e civilizações atravessam fases semelhantes às da história de vida dos organismos biológicos, partindo de estágios com maior simplicidade de estruturas para estágios mais complexos de amadurecimento, verificando-se também uma analogia entre a decadência de uma civilização e o envelhecimento de um organismo.

As analogias, conforme já ressaltamos, devem ser elaboradas com o devido cuidado. Mas são, fora de dúvida, fontes importantes para a elaboração de hipóteses.

• *Elaboração por* Indução

Alguns exemplos de hipóteses criadas a partir de *Indução*, ou mais particularmente a partir de generalizações elaboradas com base em observações empíricas, encontram-se entre as já citadas hipóteses da Sociologia Urbana sobre o crescimento das cidades. De observações sistemáticas e de comparações entre vários casos e levantamentos realizados, autores como Burgess criaram hipóteses como a do "crescimento urbano por círculos concêntricos".

A hipótese criada por indução procura dar sentido a um certo conjunto de dados coletados, criando conexões entre eles para formular um enunciado geral que os explique. Naturalmente que, depois de chegar a uma hipótese por indução de alguns elementos identificados na pesquisa exploratória, o pesquisador deve realizar um caminho de volta, testando a sua hipótese no confronto com um conjunto de dados empíricos mais abrangente ou examinando-a em situações mais diversificadas. Assim, se a indução gerou a hipótese, também o pesquisador deverá se valer da indução para testá-la.

Por outro lado, pode-se produzir uma hipótese por indução não apenas a partir de dados empíricos verificados, mas de hipóteses específicas que em etapa posterior alcançam um nível maior de generalização. Assim, retomando a hipótese de Todorov acerca da importância do "choque cultural" para explicar a facilidade com que foram sujeitados os astecas, pode-se aventar em um segundo momento que, já que existiam outras sociedades pré-colombianas similares à asteca, a mesma hipótese se aplicaria também a elas.

Assim, o "choque cultural" teria desempenhado um papel determinante não apenas na sujeição da sociedade asteca, mas nas civilizações pré-colombianas de uma maneira geral. Naturalmente que também neste caso o caminho de volta é necessário. Para sustentar que a hipótese do "choque cultural" não é válida só para o caso asteca, seria interessante realizar um estudo comparativo com relação à sujeição dos incas em situações similares, e assim por diante. Somente testada a hipótese neste nível mais amplo de abrangência pode ser confirmada a validade de sua generalização.

• *Elaboração por* Dedução

Outra fonte importante para a criação de hipóteses é o pensamento dedutivo. Uma hipótese pode ser deduzida de uma teoria, ou também de uma outra hipótese mais geral e mais ampla. Neste último caso, pode-se tomar uma hipótese mais geral já formulada por um outro estudo e propor a sua aplicabilidade a situações mais específicas, empreendendo, se necessário, as devidas adaptações. Assim, se um autor tivesse já chegado à formulação de que o "choque cultural" foi o fator dominante na sujeição das civilizações pré-colombianas de maneira geral, outro autor poderia se propor a estudar esta hipótese no circuito mais restrito das civilizações dos maias ou dos incas. Isto seria deduzir uma hipótese mais específica e circunscrita de uma hipótese mais ampla e mais generalizadora.

• *Elaboração por* Aperfeiçoamento *de hipótese ou teoria anterior*

Pode-se dar o caso de que uma determinada hipótese formulada em outro trabalho científico seja retificada ou aperfeiçoada à luz de novas evidências empíricas ou de novas considerações que não haviam sido previstas. Já se citou o caso da hipótese do crescimento urbano por "círculos concêntricos" de Burgess, que se beneficiou de adaptações empreendidas por Harris e Ullman ao se considerar a possibilidade de que o crescimento urbano se daria a partir de "núcleos múltiplos", e também das adaptações empreendidas por Hoyt no sentido de um "crescimento axial".

• *Elaboração por* Intuição

Não raro os cientistas formulam suas hipóteses a partir da *Intuição*. A mera observação de situações da vida cotidiana, às vezes casual, pode conduzir o cientista ou o pesquisador a intuir descobertas inicialmente formuladas sob a forma de hipóteses.

Um exemplo célebre é a história que Plutarco conta sobre Arquimedes (c.287-212 a.C.), filósofo grego que teria elaborado a hipótese do "empuxo e repuxo". Diante da necessidade de resolver um problema prático e específico que lhe fora colocado pelo rei Hierão da Siracusa – que era o de verificar se uma coroa que mandara fabricar havia sido feita realmente de ouro maciço ou se continha alguma percentagem de outro metal – Arquimedes estaria pensando neste problema quando, ao se banhar em uma banheira, sua atenção se dirigiu para o fato de que seu corpo se tornava mais leve quando estava imerso na água. A partir desta observação a princípio distraída, teve a ideia de que para resolver o problema bastaria comparar o deslocamento de líquido produzido pela coroa com o volume de líquido deslocado por uma outra com o peso que deveria ter se fosse apenas feita totalmente de ouro. Estendendo o caso para um âmbito mais genérico, Arquimedes formulou mais tarde o famoso princípio de hidrostática que leva o seu nome. Conta-se ainda que, ao realizar a sua descoberta, Arquimedes teria saído à rua, despido, gritando a palavra "heureca", que significa "descoberta".

## 6.5. Considerações finais: Hipótese Central, Hipóteses Secundárias e Comentários

Uma tese ou projeto de pesquisa pode apresentar mais de uma *hipótese central*, ou também uma única hipótese central que, eventualmente, se desdobra em sub-hipóteses (formulações subsidiárias que se desenvolvem dedutivamente desta hipótese central ou que especificam alguns de seus aspectos).

Para exemplificar este último caso, a hipótese extremamente genérica de que "o período de crise social que deu origem à Revolução Francesa foi precedido por uma alta secular de preços" pode ser desdobrada em sub-hipóteses mais específicas e por isto mesmo mais verificáveis, como a de que teria ocorrido uma alta no preço do trigo em Marselha, uma alta no preço da aveia em Toulouse, e assim por diante.

O Projeto de Pesquisa em História

Também poderiam ser desenvolvidas hipóteses subsidiárias que preenchessem o espaço que vai da alta de preços à crise social e à agitação política propriamente dita. Neste caso, a hipótese central estaria interpolando, entre seus termos, outras hipóteses mais desdobradas. Por exemplo, poder-se-ia dizer que a alta geral de preços produziu simultaneamente a falência de negócios diversos e a impossibilidade de subsistência das famílias de menor poder econômico; que a falência de empreendimentos produziu desemprego nos meios urbanos e desestabilização de propriedades que utilizavam mão-de-obra camponesa nos meios rurais; que o desemprego também incrementou mais ainda a miséria; que tudo isto foi gerando perturbações sociais que, canalizadas politicamente, transformaram-se em agitações revolucionárias. Desta forma, os caminhos entre a alta de preços e a agitação política tornaram-se mais explícitos a partir da formulação de hipóteses intermediárias.

Para além de desdobrar uma hipótese central em hipóteses subsidiárias, cada hipótese, depois de formulada de maneira sintética e objetiva dentro dos critérios já discutidos, pode vir acompanhada em seguida de comentários mais específicos. Neste caso, em termos de exposição textual, costuma-se formatar o corpo da hipótese propriamente dita com recuo diferenciado e outros critérios de destaque (como um tamanho de letra distinto, outro espaçamento, etc.). É importante que fique claro para o leitor uma distinção entre a hipótese e os seus comentários adicionais (pode-se inclusive assinalar cada enunciação de hipóteses e cada sequência de comentários com as palavras "Hipótese n° 1", "Comentários", "Hipótese n° 2", "Comentários", e assim por diante.

A função do "comentário" é explicar melhor a hipótese, fornecer definições adicionais para termos ou expressões do seu enunciado que eventualmente possam gerar dúvidas, acrescentar eventualmente referências empíricas que não tenham figurado no enunciado da hipótese, assinalar possibilidades de caminhos para a sua verificação, exemplificar situações que possam deixar mais claras as possibilidades de aplicação da hipótese generalizadora, e prestar esclarecimentos em geral. Exemplificaremos com a redação da Hipótese de Todorov sobre a Conquista da América, seguida de um Comentário correspondente:

## 6. Hipóteses

> **Hipótese:**
> "A vitória de um reduzido número de conquistadores espanhóis, de forma relativamente rápida e com aparente facilidade, sobre milhões de astecas que compunham uma sociedade bem organizada, deveu-se principalmente ao 'choque cultural' que desfavoreceu aos astecas no confronto com os homens de Fernando Cortês".

**Comentário:**

Durante a ação de conquista movida contra as sociedades astecas que encontrou no México em 1519, Fernando Cortês dispunha apenas de quatrocentos homens em confronto com um milhão de astecas. A conquista, embora com episódios dramáticos e algumas situações de risco, deu-se com relativa rapidez e facilidade, o que até hoje intriga os historiadores dando margem a diversificadas explicações e análises interpretativas acerca daqueles acontecimentos. Sustenta-se aqui que, embora a superioridade bélica espanhola e outros aspectos devam ser considerados, o fator que pesou decisivamente na conquista, de acordo com a forma como ela se deu, foi o "choque cultural" entre as duas civilizações. Este "choque cultural", produzido pela "alteridade" entre os dois grupos humanos, teria sido assimilado de maneira muito mais favorável pelos espanhóis, que já conheciam diversas civilizações diferentes da sua, tanto no que se refere a aspectos étnicos como no que se refere a hábitos sociais, formas de organização e aspectos culturais diversificados. Já os astecas só conheciam grupos humanos não muito diferenciados do seu próprio padrão de identidade, e por isto mesmo tiveram uma extrema dificuldade de assimilar o "choque cultural" produzido pela chegada dos espanhóis, o que implicou tanto no estranhamento de aspectos sociais e culturais diversos como também na incapacidade de decifrar os signos dos conquistadores. A hipótese pode ser verificada com análise dos discursos dos espanhóis e dos astecas, presentes em fontes como as *Cartas de Fernando Cortês* ou os *Testemunhos dos informantes de Sahagún*.

O comentário acima acrescenta à formulação objetiva da Hipótese algumas referências empíricas importantes, como números mais específicos dos efetivos espanhóis e da civilização asteca e uma especificação no tempo mais precisa. Também esclarece que o processo de conquista não deixou de ter os seus momentos dramáticos, embora de uma maneira geral seja intrigante a rapidez com que se deu a ação espanhola contando com um tão reduzido efetivo de homens em comparação com a civilização a ser submetida. O conceito de "choque cultural" é mais clarificado, e ficamos sabendo que envolve questões de "alteridade" entre dois grupos humanos que apresentam características sociais, culturais e sistemas de signos diferenciados. Por outro lado, o Comentário acrescenta uma abordagem sobre o tipo de fontes que podem ser empregadas para a verificação da hipótese proposta. Poderia ser mesmo o caso de se incluir uma exemplificação com um trecho ou outro das fontes propostas, o que não foi feito aqui para atender a objetivos de síntese.

Como vemos, o Comentário buscou acrescentar mais informações e dados empíricos à formulação sintética da Hipótese, prestar esclarecimentos adicionais, definir melhor o seu conceito fundamental, sugerir fontes utilizáveis na verificação.

Os Comentários sobre as Hipóteses não constituem subitens obrigatórios nos Projetos de Pesquisa, mas ajudam sensivelmente a esclarecer mais as hipóteses a que se referem. É neste sentido que podem ser utilizados, devendo ficar claras em termos redacionais a sua separação em relação às hipóteses correspondentes – particularmente para que o leitor não fique com a impressão de que, no caso de um texto onde não estejam bem delimitadas estas divisões, trata-se de uma hipótese demasiado extensa, quando é consensual que a hipótese deve ser o mais sintética possível.

A adoção da prática de comentar as hipóteses enunciadas, em todo o caso, é uma opção daquele que elabora o Projeto, como aliás vários outros de seus aspectos, inclusive a disposição e a inclusão de determinados capítulos. A orientação deste trabalho, conforme já destacamos em outras oportunidades, não tem sido a de impor modelos, mas sim a de oferecer um quadro de alternativas para que o próprio pesquisador construa o modelo de Projeto de Pesquisa mais adequado às suas especificidades.

# Conclusão

O Projeto de Pesquisa, conforme se procurou mostrar neste livro, é instrumento precioso para a pesquisa científica, e particularmente para a pesquisa historiográfica. Através dele o pesquisador logra estabelecer um planejamento decisivo para as etapas que terá de percorrer, toma consciência de sua pesquisa ao mesmo tempo em que a constrói, e municia-se do instrumental necessário para empreender esta viagem singular que é a da busca do conhecimento.

Planejar – ou construir previamente no seu mundo mental o esboço de algo que se verá concretizado no plano real através de um esforço sistemático – é precisamente o que diferencia o homem dos animais. A este respeito, já dizia Karl Marx:

> Uma aranha executa operações semelhantes às do tecelão, e a abelha supera mais de um arquiteto ao construir sua colmeia. Mas o que distingue o pior arquiteto da melhor abelha é que ele figura na mente sua construção antes de transformá-la em realidade. No fim do processo do trabalho aparece um resultado que já existia antes idealmente na imaginação do trabalhador.

Nesta época em que se busca "ciência com consciência", a antevisão responsável do que se pretende produzir cientificamente é uma motivação a mais para utilizar este instrumento de autoconsciência e planejamento que é o projeto de pesquisa.

Dos itens iniciais pertinentes a um Projeto de Pesquisa, discutidos nos quatro primeiros capítulos desta obra, o mais essencial, uma vez que dele se desdobrarão todos os outros, é a "Delimitação Temática". Conforme vimos neste livro, constituir um objeto de estudo já implica em atender a determinadas motivações que deverão ser coerentemente explicitadas no capítulo "Justificativa", bem como significa se comprometer com determinados "Objetivos". De igual maneira, ao delimitar o tema o pesquisador já está imediatamente se direcionando para um diálogo com a literatura existente que mantenha pontos de afinidade com a sua temática, o que se expressa adequadamente na "Revisão Bibliográfica". Não importa se para absorvê-la ou contestá-la em alguns pontos o pesquisador com o seu tema acaba por mergulhar necessariamente em uma intertextualidade formada por tudo o que se escreveu em torno do seu campo temático.

Para além da "Delimitação Temática", capítulo fundador de um Projeto de Pesquisa, vimos nos dois capítulos finais deste livro que o "Quadro Teórico" e as "Hipóteses", ao lado da Metodologia, constituem o verdadeiro núcleo do conjunto de requisitos e procedimentos necessários para um pesquisador lançar-se ao seu trabalho, uma vez definido com clareza o objeto da pesquisa. São aspectos intimamente relacionados, mas que devem ser bem compreendidos nas suas especificidades.

Um trabalho futuro, na esteira deste que até aqui foi desenvolvido, buscará desenvolver os aspectos pertinentes à Metodologia, encadeando-se ao que até aqui foi exposto. Teoria e Metodologia, quando habilmente conectadas por algumas hipóteses de trabalho pertinentes e bem elaboradas, constituem o grande segredo dos sucessos de empreendimentos relacionados à produção do conhecimento humano de tipo científico. Não importa o campo de estudos ou a disciplina a que se dedique o pesquisador, é sobretudo neste núcleo mais elementar que começam a aparecer as grandes soluções, a originalidade científica, os avanços possíveis no conhecimento a ser produzido.

# GLOSSÁRIO

## A

**Alienação.** Estado no qual o indivíduo ou o grupo social torna-se alheio ou estranho aos resultados ou produtos de sua própria atividade (ou, ainda, o alheamento relativo à própria atividade em si mesma). Com este sentido, é um dos conceitos fundamentais da análise marxista das relações entre Capital e Trabalho.

**Alteridade.** Sentimento de diferença, principalmente no que concerne a aspectos culturais e étnicos. A expressão tem sido bastante utilizada na Antropologia e na História Cultural.

**Amostra.** Parte representativa de uma determinada população ou conjunto de fontes que se pretende estudar.

**Analogia.** 1 – Semelhança, correspondência, correlação. 2 – Identidade de relação que une dois a dois os termos de dois ou mais pares. Na *República* e no *Timeu* de Platão, por exemplo, a ideia de analogia está expressa na comparação entre o Bem e o Sol, indicando que o primeiro desempenha no mundo inteligível o mesmo papel que o segundo no mundo sensível. Na escolástica, o "modo de falar análogo" corresponde à situação em que se aplica aos termos comuns em sentido não inteiramente idêntico, porém semelhante a partir de uma certa proposição.

**Annales.** Ver *Escola dos Annales\**.

**Assunto.** Ver *Tema\**.

**Axioma.** Premissa considerada evidente e verdadeira por si própria, sem necessidade de demonstração, por parte de todos aqueles que lhe compreendem o sentido. Os axiomas, que na matemática correspondem a princípios não demonstráveis mas evidentes, teriam a propriedade de impor a sua aceitação de imediato. Na filosofia e na ciência contemporâneas, tendentes à relativização, este caráter imediato do axioma vem sendo revisto, e o axioma tende a se tornar sinônimo de postulado\*. Melhor ainda, pode-se dizer que classificar uma premissa como axiomática ou como postulado varia de sujeito a sujeito, ou de sistema a sistema de conhecimento.

# B

**Base** (infraestrutura). Noção que, conjuntamente com a noção complementar de "superestrutura", compõe a metáfora do edifício utilizada por Marx e Engels a partir de *A Ideologia Alemã*. A estrutura econômica da sociedade corresponderia a uma base que condicionaria as formas do Estado e da consciência social. Esta ideia primordial implicaria no desdobramento de que a estrutura não é autônoma (ou, ao menos, de que não é inteiramente autônoma), sendo determinada pelas relações de produção social. O texto clássico de Marx que consolida esta metáfora, de forma mais explícita, está no "Prefácio" à Contribuição à crítica da *economia política*: "[...] o conjunto dessas relações de produção forma a estrutura econômica da sociedade, a base real sobre a qual se ergue a superestrutura jurídica e política e à qual correspondem determinadas formas de consciência social [...]". Por outro lado, é bom lembrar que, em textos mais específicos, tanto Marx como Engels combateram as interpretações meramente reducionistas da imagem da "base-superestrutura". Documentos significativos para a identificação desta nuance relativizadora no último pensamento de Engels são algumas das cartas produzidas a partir de 1890. Veja-se, em especial, a carta a C. Schmidt de 27 de outubro de 1890, e a carta a F. Mehring de 14 de julho de 1893 [ambas foram publicadas em Florestan FERNANDES (org.). *Marx e Engels*. São Paulo: Ática, 1984. p.458-468]. "Esses senhores esquecem com frequência e quase deliberadamente que um elemento histórico, uma vez posto no mundo através de outras causas, econômicas no final das contas, agora também reage sobre a sua circunstância e pode retroagir até mesmo sobre as suas próprias causas" ("Carta a Mehring").

# C

**Categorias**. Diferentes classes do ser, ou diferentes classes dos predicados que podem ser afirmados de um sujeito.

**Centralização**. Fenômeno social de concentração em torno de um líder, de um grupo, ou de um conjunto de ideias. Em termos políticos, a centralização estatal corresponderia à concentração de certas prerrogativas de controle social por um determinado sistema político-institucional que coincide com o aparelho governamental.

# Glossário

**Classe** (social). 1 – Classificação que, no seu sentido mais geral, divide uma sociedade em grupos mais ou menos amplos de homens a partir de critérios relacionados à natureza da função que exercem na vida social e à parcela de vantagens (ou desvantagens) que extraem de tal função. Neste sentido, os subconjuntos sociais que podem ser denominados "classes" são definidos em termos de *status*, privilégios, de benefícios relacionados à distribuição desigual de bens econômicos, de acessos discriminatórios a valores culturais, de lugar nos processos de produção econômica, de divisão preferencial das prerrogativas relativas ao poder e à autoridade, ou mesmo nos termos de uma identificação de si mesmo que um determinado grupo social constrói ideologicamente. Estes critérios, que frequentemente aparecem combinados, podem também se contradizer em uma sociedade complexa. Assim, em uma determinada sociedade historicamente localizada a classe alta tradicional pode estar relativamente empobrecida. 2 – Em uma acepção mais restrita, as "classes" devem ser diferenciadas das meras "estratificações sociais"* através da ênfase mais no aspecto da *relação* do que no da distribuição dentro da estrutura social. Neste sentido, buscar-se-ia enfatizar que as classes são menos agregados de indivíduos do que grupos sociais reais, identificados por sua história e por sua posição na organização da sociedade. 3 – Em Marx e Engels, existem textos que ora autorizam o uso generalizado de classe como categoria que pode ser utilizada para qualquer período histórico, e que ora autorizam a ideia de que o conceito "classe" aplicar-se-ia mais especificamente à sociedade capitalista. Em *O Manifesto Comunista*, por exemplo, Marx e Engels afirmam que "a história de todas as sociedades que até hoje existiram é a história da luta de classes". É assim que, na sua teoria geral da evolução das sociedades, Marx tende a destacar pares de classes antagônicas (escravos/senhores; servos/senhores feudais; proletários/burgueses; e assim por diante). Ao mesmo tempo, em alguns outros textos os fundadores do materialismo histórico admitem que a classe seria uma característica singularmente distintiva das sociedades capitalistas. Assim, em *A Ideologia Alemã*, afirma-se que "a própria classe é um produto da burguesia". Em *O 18 Brumário* (parte VII), Marx investe na ideia de que uma classe sempre se constrói por oposição a outra(s): "Na medida em que milhões de famílias vivem sob condições econômicas de existência que separam seu modo de vida, seus interesses e sua cultura das outras classes e as colocam em oposição hostil a estas outras classes, elas formam uma classe..."

4 – Acompanhando o raciocínio dicotômico, Gaetano Mosca (1896) também formula uma teoria das "classes governantes" e "classes governadas", como grupos que surgiriam a qualquer momento em uma sociedade primitiva. 5 – Considerando o pano de fundo do sistema econômico capitalista, Weber define a "condição de classe" de um indivíduo como determinada pelas oportunidades de vender bens e habilidades profissionais. 6 – Ao escrever de uma perspectiva anarquista, Jan Waclag Machasski (1904) enfatiza o aspecto das "classes culturais", chamando atenção para a importância da desigualdade educacional na perpetuação das desigualdades sociais e predizendo o risco da formação de uma futura classe formada por uma *intelligentsia* técnica, a classe dos detentores do conhecimento (ideia retomada mais tarde por Alvin Gouldner, 1979).

**Classe-para-si**. Conceito que aparece em *Miséria da Filosofia* (cap. II, 5), e que Marx trabalha em oposição ao de "classe-em-si". A ideia é a de que, na luta revolucionária, a massa do povo transforma-se em trabalhadores unidos que, já formando uma "classe-em-si" por oposição ao capital, acabam no próprio processo de luta desenvolvendo uma "consciência de classe", requisito para que se tornem uma "classe-em-si". No moderno pensamento marxista, alguns autores adotam esta oposição proposta por Marx e outros a rejeitam. Poulantzas (1974), por exemplo, rejeita a oposição entre "classe-em-si" e "classe-para-si".

**Conceito**. Formulação abstrata e geral, ou pelo menos passível de generalização, que o indivíduo pensante utiliza para tornar alguma coisa inteligível nos seus aspectos essenciais, para si mesmo e para outros. Habitualmente, os conceitos correspondem a noções gerais que definem classes de objetos e de fenômenos dados ou construídos, e que sintetizam o aspecto essencial ou as características existentes entre estes objetos. Um conceito bem formulado deve representar somente aqueles elementos que são absolutamente essenciais ao objeto ou fenômeno considerado, e portanto os elementos que são comuns a todas as coisas da mesma espécie, deixando de fora aspectos que são somente particularizadores de um objeto ou fenômeno considerado. Um conceito pode se referir a uma propriedade, a um processo ou a uma situação que abrange vários objetos. Do ponto de vista de sua natureza filosófica, todo conceito possui duas dimensões a serem consideradas: a "extensão" e a "compreensão" (ou "conteúdo"). Chama-se "extensão" de um conceito precisamente ao grau de sua abrangência a vários fenômenos e objetos; e chama-se "compreensão" de um conceito ao esclarecimento das características que o constituem. À medida que um conceito adquire maior "extensão", perde em "compreensão".

**Conceitos polares.** Conceitos que adquirem a identidade através de uma oposição recíproca. Exemplos: ser/parecer; luz/escuridão; masculino/feminino.

**Condicional.** Qualquer proposição na forma "se $p$, então $q$".

**Condicional contrafatual.** Condicional apresentado na forma "se $p$ tivesse acontecido, $q$ teria acontecido".

**Conjectura.** Suposição ou proposição que é proposta sem a intenção de ser submetida a comprovação ou a um processo de demonstração. Difere, neste sentido, da hipótese – uma vez que esta é assumida como uma assunção provisória que se pretende submeter a um processo de demonstração que visará comprová-la, refutá-la, ou pelo menos demonstrar a sua natureza verossímil dentro de um determinado sistema

**Constructo.** 2 – Conceito* caracterizado por um nível mais elevado de abstração, que é conscientemente criado, elaborado ou adaptado para uma finalidade científica específica. Habitualmente, para a formação de um constructo utiliza-se de conceitos de menor abstração. Assim, o constructo "densidade" é formado a partir da relação (por divisão entre os valores numéricos envolvidos) de dois conceitos mais perceptíveis e mensuráveis, que são a "massa" e o "volume". 2 – Por outro lado, Mario Bunge formula uma definição mais ampla de "construto" associando-a à "criação mental". Nesta linha, haveria quatro tipos fundamentais de constructos: "conceitos", "proposições", "contextos" e "teorias".

***Corpus* documental.** Conjunto de fontes ou documentos constituído pelo historiador para a realização do seu trabalho de análise histórica, de compreensão de uma determinada sociedade do passado através de um certo problema, ou de comprovação de informações que deverão constar da sua síntese histórica.

**Crítica externa.** Exame de fontes ou de documentos históricos com vistas a verificar a sua autenticidade.

**Crítica interna.** 1 – Exame do conteúdo de uma fonte histórica, com a finalidade de verificar se apresenta ou não coerência de informações com relação a um determinado fato ou questão histórica. 2 – Análise do conteúdo de uma fonte histórica, utilizando técnicas diversas e contrapondo-a a outras fontes.

**Culturalismo**. Linha teórica que parte da ideia de que a estrutura da personalidade é estreitamente dependente da cultura característica da sociedade particular que a contextualiza – definindo-se "cultura", neste caso, como o sistema de valores fundamentais de uma sociedade. Para o culturalista Kardiner, o "eu" seria uma espécie de "precipitado cultural". O culturalismo, desta maneira, pressupõe que os valores e outros elementos do sistema cultural são plenamente interiorizados pelo indivíduo, vindo a constituir uma espécie de programa que passaria então a regular mecanicamente o seu comportamento. Neste sentido, a cada "valor cultural" corresponderia uma "necessidade individual" por ele gerada [referências: (1) A. KARDINER, *The individual and his society* (1939). (2) D.C. McCLELAND, *The achieving society* (1961)].

**D**

**Dedução**. Método de raciocínio em que se parte de uma ou mais afirmações gerais e tenta-se chegar a um caso particular, ou então à explicitação uma particularidade que já estava implicada nas afirmações genéricas. Frequentemente, o argumento dedutivo parte de duas premissas inter-relacionadas: quando estas duas premissas são verdadeiras, a conclusão deverá ser também verdadeira. Por exemplo: todas as estrelas possuem luz própria; o sol é uma estrela; logo, o sol possui luz própria. O raciocínio dedutivo opõe-se ao raciocínio indutivo, que parte de um caso particular ou de vários casos particulares e tenta alcançar a partir daí uma conclusão mais geral ou de maior alcance. Por exemplo: o sol possui luz própria; milhares de outras estrelas já observadas possuem luz própria; logo, todas as estrelas possuem luz própria. Estes dois modelos de raciocínio – o dedutivo e o indutivo – têm constituído na tradição ocidental a base do pensamento filosófico e científico

**Definição**. Operação da comunicação humana que consiste em explicar um termo a partir de uma sequência de palavras que deem conta de esclarecer as características essenciais daquilo que se quer definir (ou, se não com palavras, através de outros recursos de comunicação, como ocorre na chamada *definição ostensiva**). Assim, já para Aristóteles a definição correspondia à fórmula que deveria exprimir a essência de uma coisa. Na argumentação filosófica, a definição de um conceito* tem a função de esclarecer e tornar reconhecíveis as suas características, distinguindo-as de conotações que não lhe pertencem (mais

# Glossário

especificamente, a definição consiste em determinar a "compreensão" que caracteriza um conceito).

**Definição ostensiva.** Definição na qual se limita a mostrar o que é intencionado. Assim, pode-se definir ostensivamente uma determinada tonalidade de cor exibindo um exemplo (um objeto com a cor que se pretende definir).

**Definição nominal.** Definição obtida através da descrição de propriedades suficientes para que se possa distinguir o objeto ou a espécie de objetos referidos (uma espécie animal ou uma substância química, por exemplo), de outras espécies de objetos. Por exemplo, a definição da "água" como um líquido incolor, necessário e adequado para o organismo humano ingerir e também com ela ser hidratado.

**Definição real.** Definição que procura se referir à estrutura interna ou à essência do que se quer definir. Por exemplo, a definição de "água" a partir de seus componentes químicos, como sendo a substância representada pela fórmula $H_2O$.

**Definição verbal.** Definição de uma ou mais palavras através de outras. Às vezes, esta espécie de definição confunde-se com a definição nominal*.

**Diacrônico.** Conceito que se coloca por oposição a "sincrônico". Com diacrônico, referimo-nos a eventos ou a um processo que se sucede no tempo, ou a situações que correspondem a momentos distintos. Com sincrônico, referimo-nos a situações que ocorrem simultaneamente.

**Dialético.** Na acepção de Hegel, e depois de Marx, a dialética corresponde a uma "lógica do conflito". Os contrários constituem verso e anverso de uma mesma realidade, na qual desempenham uma ação recíproca: ao mesmo tempo em que se antagonizam, os contrários se identificam, e a sua relação produz movimento e transformação. A palavra "dialético" também pode referir-se a diálogo e a "interação recíproca" de elementos que, na sua relação, transformam-se mutuamente.

**Dialógico.** Que se coloca em diálogo ou em interação. Na análise textual, o dialogismo corresponde a uma abordagem que encara o texto na sua rede de interação com outros textos e contextos. Também pode se referir à existência de várias vozes no interior de um mesmo texto. O conceito de "dialógico" coloca-se por oposição ao de "monológico".

**Difusão.** Propagação de conhecimento ou de traços culturais entre os indivíduos ou grupos de uma mesma sociedade, ou então entre duas sociedades distintas.

**E**

**Ecologia.** Ciência que estuda as relações entre o organismo vivo e o seu meio. Por extensão, correntes sociológicas como a da "ecologia urbana", preconizada pela célebre Escola de Chicago, redefiniram um novo campo, o da "Ecologia Humana", como o do "estudo da interdependência entre as instituições e os grupos humanos no espaço". De acordo com D. Pierson, "a ecologia humana interessa-se pela formação e pela desintegração de comunidades; ou, dito de outra forma, pelo processo de competição e pelas relações simbióticas que esta competição desenvolve e modifica..." Conforme se vê, este modo de avaliar as relações humanas incorpora algumas contribuições das teorias de Darwin, adaptando-as para a sociologia.

**Empírico.** Termo relacionado à observação de uma realidade externa ao indivíduo, ou mais especificamente relacionado à experiência.

**Empirismo.** Conhecimento do verdadeiro a partir da experiência (em oposição ao "racionalismo", que seria o conhecimento baseado na razão). Também se refere a correntes científicas ou filosóficas que só admitem o conhecimento adquirido a partir da experiência direta da realidade.

**Epistemologia.** Teoria do conhecimento. Corresponde ao campo da reflexão humana que tem como algumas de suas questões centrais "a origem do conhecimento", "as relações entre o conhecimento e a verdade ou a certeza", as formas de conhecimento", as sucessivas mudanças nos paradigmas científicos, e tudo o mais que concerne ao conhecimento humano tomado como objeto de reflexão crítica.

**Epistemológico** (corte). Ruptura entre dois paradigmas ou entre duas orientações de pensamento produtoras de conhecimento. Opõe-se à ideia de continuidade ou de transformação gradual de um paradigma em outro.

**Escola dos Annales.** Escola historiográfica francesa fundada por Marc Bloch e Lucien Febvre, que encontrou seu veículo máximo de expressão na *Revista dos Annales* editada a partir de 1929. Os primeiros historiadores dos *Annales* são vistos como responsáveis por uma nova concepção historiográfica, pela ampliação da noção de "fonte histórica", pela valorização de uma "história estrutural" em oposição à "história factual", por uma prática interdisciplinar e por uma série de outras contribuições. Da geração seguinte à de Bloch e Febvre destaca-se o nome de Braudel, que revolucionou a abordagem histórica da temporalidade ao propor análises históricas que buscariam operar simultaneamente em três registros ou leituras diferentes do tempo: a "longa", a "média" e a "curta" durações. Para o período posterior, alguns autores referem-se a uma "terceira geração dos *Annales*" (Peter Burke, 1989) contando-se aqui com historiadores como Georges Duby e Jacques Le Goff. Outros autores, contudo, enxergam uma espécie de solução de continuidade entre esta geração que compõe a chamada *Novelle Histoire* e os historiadores dos *Annales* até a época de Braudel. Os primeiros teriam buscado a "totalidade histórica", enquanto que os segundos teriam encontrado a "fragmentação" da História em múltiplos domínios e abordagens particulares (François Dosse, em obra polêmica, refere-se a uma "História em Migalhas"). Existem ainda historiadores marxistas que podem ser associados aos *Annales*, como Michel Vovelle.

**Escola de Chicago**. Escola sociológica americana surgida em Chicago, na década de 1920, que encarava a cidade como "o *habitat* natural do homem". Desenvolvendo um campo específico de estudos que denominaram "ecologia urbana" (campo específico dentro da Ecologia Humana), os principais mentores desta escola procuraram adaptar algumas perspectivas da ecologia e da biologia para o estudo das formações urbanas. A obra-mestra do grupo foi o livro *A Cidade* (1925), contando com estudos de E.W. Burgess, E. Park, E.R.D. Mckenzie, Louis Wirth, entre outros autores.

**Escola de Frankfurt**. Vertente do marxismo surgida em Frankfurt na década de 1920, que propunha um marxismo "aberto e crítico". A esta vertente do materialismo histórico associa-se a expressão "Teoria Crítica", cunhada pelos seus idealizadores. A Escola de Frankfurt nasce de uma crítica ao stalinismo. Reconhecendo que, na sua versão stalinista, o marxismo havia se tornado uma ideologia repressiva, e que portanto nem sempre um posicionamento dentro do materialismo histórico conduz *necessariamente* à verdade ou à melhor possibilidade em termos políticos, os filósofos de Frankfurt procuraram empreender uma crítica do marxismo de seu tempo. Em primeiro lugar, opuseram-se à interpretação linear do "determinismo", que consideravam um aspecto "positivista" presente em certos setores do pensamento marxista. Assim, embora sem abandonar o materialismo histórico, a Escola de Frankfurt questionou as concepções que sustentavam que o socialismo era uma tendência inevitável no desenvolvimento da História. Ao mesmo tempo, a contribuição de Marx passava a ser vista como uma base necessária mas não suficiente para a compreensão da sociedade contemporânea, para a qual os frankfurtianos esperavam se aproveitar também das contribuições de autores como Weber e Freud. Uma das preocupações desta escola era investigar como os interesses, conflitos e contradições sociais expressavam-se no pensamento e no discurso, e também como se reproduzem os sistemas de dominação. A Escola de Frankfurt pode ser desdobrada em duas tendências principais. A primeira esteve associada à fundação do *Instituto de Pesquisa Social* em Frankfurt (1923), contando com Max Horkheimer, Theodor Adorno, Erich Fromm, Herbert Marcuse, Leo Lowenthal e Walther Benjamin. A segunda vertente é mais especificamente assinalada pelas obras de Jürgen Habermas.

**Escola Inglesa** (dentro do marxismo). Grupo de historiadores marxistas atuantes na segunda metade do século XX que revelam uma especial preocupação com a História Cultural, e que foram responsáveis por uma proposta moderna e flexibilizadora do materialismo histórico, trabalhando dentro de uma abordagem interdisciplinar e ocupando-se de novos objetos que até então eram pouco estudados pelas correntes mais tradicionais do marxismo. Seus nomes mais importantes são Raymond Williams, Edward Thompson, Eric Hobsbawm, Ronald Hilton, Gordon Childe e Christhoper Hill.

**Estratificação Social**. Conceito que remete a agregados de indivíduos determinados por nível semelhante de educação, renda ou outras características relativas à desigualdade social. Enquanto a "classe", no seu sentido mais restrito, enfatiza a relação entre grupos sociais, a "estratificação social" remete mais propriamente a uma topografia social.

**Estrutura**. No sentido mais estrito e matemático, corresponde a um conjunto arbitrário de elementos dotados de uma ou mais relações, operações ou funções. Nas ciências humanas, esta expressão adequou-se a sentidos diversos, desde alguns dos conceitos formulados pelo próprio Materialismo Histórico* (infraestrutura* e superestrutura*) até os usos desta noção pelas correntes que compõem o chamado Estruturalismo*, passando ainda por apropriações diversas como na chamada "história estrutural" proposta pela *Escola dos Annales**.

**Estrutural** (História). Tendência ou proposta historiográfica que passa a predominar ao longo do século XX, em oposição à chamada História Factual ou à História Narrativa tal como era feita no século XIX.

Com Braudel, a História Estrutural passa a incorporar o conceito de "longa duração", correspondente a um período longo onde o historiador pode perceber determinadas "permanências".

**Estruturalismo.** Correntes teóricas do tipo que enfatizam ou privilegiam as investigações sincrônicas*, com o objetivo de descobrir as características estruturais ou universais da sociedade humana e, mais remotamente, que buscam relacionar estas características às estruturas universais da mente humana. Vários são os autores estruturalistas, representativos das mais variadas correntes. Um dos pioneiros do pensamento estruturalista foi Saussure, ao formular uma abordagem da Linguística onde a língua se apresenta como um sistema estruturado. Esta linha foi mais tarde desenvolvida em outras direções pelo campo do conhecimento que passou a ser chamado de Semiótica*, através de autores como Roland Barthes. Também se apoiando no caminho aberto por Saussure e aplicando-o ao estudo dos mitos, Lévi-Strauss apresenta-se como o grande nome associado à antropologia estrutural. Já Althusser e Balibar teriam investido em um marxismo estruturalista ao buscar enxergar as "formações sociais" como combinações estruturadas de elementos simples. No campo da Psicanálise, a contribuição estruturalista é encaminhada por Lacan, que propõe a ideia de que "o inconsciente é estruturado como a língua". Por outro lado, ao interpretar a História das Ciências como uma grande sequência de transformações estruturais (ou de substituições de "epistemes dominantes"), o Foucault de *As palavras e as coisas* tem sido também tachado de estruturalista, embora o próprio autor rejeite este rótulo.

**Existencialismo.** Corrente filosófica para a qual, em um universo absurdo que não apresenta nenhuma finalidade ou sentido intrínseco, cada ser humano estaria colocado diante da liberdade ilimitada de escolha, devendo assumir total responsabilidade pelos seus atos. É neste sentido que Jean-Paul Sartre, um dos principais expoentes do Existencialismo Francês, afirmou que "o homem está condenado a ser livre". A ideia de liberdade diante de sua existência – que para muitos espíritos pode implicar no desespero de não ter mais uma doutrina, uma convenção ou uma crença na qual se apoiar – implica ainda na ideia de que cada experiência humana deve produzir o seu próprio sentido. Daí a célebre frase de Sartre, segundo a qual "a existência precede a essência".

**Experimento.** Situação criada artificialmente em laboratório – ou mesmo fora de laboratório mas com a utilização de técnicas rigorosas –

com a finalidade de observar, sob controle, a relação que existe entre determinados fenômenos. Da mesma forma, pode-se dizer que o experimento é uma operação científica que se realiza com a finalidade de se verificar hipóteses. Um tipo de experimento muito comum consiste em constituir dois grupos iguais ou semelhantes; um deles será denominado "grupo experimental", e o outro será chamado de "grupo de controle". A ideia é aplicar ao grupo experimental, ou dele subtrair, um elemento ou mais que constituem os "fatores experimentais", conservando-se o outro grupo sobre controle (sem alterações, ou aplicando sobre ele um "fator de controle"). Os resultados do experimento mostrarão se a adição ou subtração de um determinado fator interfere, e como interfere, no grupo examinado, permitindo que se chegue a uma conclusão por comparação com o grupo que permaneceu inalterado.

**Explicação**. No sentido mais amplo, processo verbalizado através do qual se procura dar conta de um fenômeno complexo, decifrando os processos internos que o constituem e estabelecendo inter-relações do fenômeno com outros contextos e fenômenos que ajudam a compreendê-lo. Já na divisão entre "explicação" e "compreensão" proposta por Dilthey, a "explicação" implicaria em preocupação com as causas, enquanto a "compreensão" implicaria em preocupação com o sentido.

# F

**Fato**. Resultado de uma ação; acontecimento; dado da realidade empírica.

**Fenômeno**. Do grego: "aquilo que aparece". Conforme esta etimologia, fenômeno comporta os seguintes desdobramentos de sentido: 1 – aquilo pelo qual a verdade se manifesta, ou o caminho para o verdadeiro; 2 – o que é ao mesmo tempo aparente e evidente; 3 – aquilo que encobre a verdade, ou o falso ser. No sentido mais amplo proposto pela ciência, a expressão estará associada "ao que acontece", e que cabe ao cientista examinar.

**Fenomenologia**. Postura filosófica que prioriza a consciência humana e sua experiência direta no mundo, ao invés das abstrações mentais. A expressão estaria em relação direta com as colocações de Edmund Husserl (1859-1938), que tratava a fenomenologia como um campo do pensamento filosófico que buscava estabelecer um "discurso sobre os fenômenos" e que propunha um "retorno às coisas mesmas" (isto é, um retorno aos fenômenos, àquilo que aparece à consciência e que se dá como seu objeto intencional). Neste último sentido, ao afirmar que os fenômenos do "mundo vivido" devem guiar a reflexão filosófica, Husserl se opõe a correntes filosóficas que compreendem a realidade como construção do intelecto, embora também se oponha ao empirismo puro. Para Husserl, o intelecto não constrói a realidade, mas interage com esta. Em apoio a esta postura, o conceito de "intencionalidade" da consciência adquire uma importância fundamental (segundo Husserl, "toda consciência é consciência de algo"). Como desdobramento deste conceito, a relação entre o sujeito e o objeto é mais importante que cada um destes polos em separado. Sartre se valeu desta noção, adaptando-a para o Existencialismo, encarando a "intencionalidade" como a "vontade humana criativa em um universo absurdo". Esta mesma posição aparece em Heidegger (1889-1976), que denominava sua filosofia de "fenomenologia existencial" – o que o torna um dos inspiradores do Existencialismo*. Por outra parte, Merleau-Ponty também se apropriou do conceito de "intencionalidade", ao encarar o mundo como uma multiplicidade interativa de intenções. Na sociologia, a incorporação da atitude fenomenológica esteve a cargo de Alfred Schutz.

**Figuração Social**. Conceito utilizado por Norbert Elias em algumas de suas obras, a começar por *O processo civilizador*, consoante as quais as "figurações sociais" remetem a diferentes modalidades de inter-relacionamentos humanos concretizadas nas *formações sociais* específicas. Em *Introdução à Sociologia*, Elias acrescenta que "uma *figuração* é uma formação social cujo tamanho pode ser muito variável (os jogadores de um jogo de cartas, a tertúlia de um café, uma turma de alunos de uma escola, uma cidade, uma nação), em que os indivíduos estão ligados uns aos outros por um modo específico de dependências recíprocas e cuja reprodução supõe um equilíbrio móvel de tensões".

**Fonte Histórica**. Os vários registros e resíduos da atividade humana e que abrangem desde textos de vários tipos até fontes iconográficas, objetos da cultura material, registros de história oral, ou o que quer que permita um acesso a sociedades menos ou mais remotas. Esta abrangência da noção de fonte histórica ocorre mais significativamente no século XX, quando os historiadores superam cada vez mais a utilização exclusiva de documentos e crônicas oficiais e passam a se valer de registros os mais diversos do pensamento e da ação humana para compreender as sociedades do passado. Contribuíram para esta nova concepção de fonte histórica os *Annales* e os novos marxismos.

**Forças produtivas.** Na teoria do materialismo histórico, abrange os meios de produção e a força de trabalho. Desta forma, o desenvolvimento das forças produtivas corresponde a desenvolvimentos históricos como: (1) desenvolvimento de maquinaria ou de tecnologia; (2) modificações nos modos e processos de trabalho; (3) descoberta ou exploração de novas matérias-primas e meios de energia; (4) desenvolvimento de habilidades nos grupos humanos que constituem as forças produtivas (por exemplo, educação do proletariado, desenvolvimento de consciência política, etc.). A superação de um modo de produção dever-se-ia às contradições entre as *forças produtivas* e as *relações de produção*\* (sendo estas últimas constituídas pela propriedade das forças produtivas). De acordo com Marx, até certo momento as forças produtivas condicionam as relações de produção. Porém o desenvolvimento das forças produtivas levaria a uma contradição crescente em relação às relações de produção, que a partir de certo momento passariam a ser obstáculos à sua expansão. A intensificação desta contradição levaria a uma crise ou colapso no modo de produção e de sua estrutura, que por isto tenderia a ser superado através de uma revolução instauradora de um novo modo de produção, mais adequado ao novo quadro de desenvolvimento das forças produtivas. É controvérsia posterior a Marx se o primado das transformações sociais está realmente a cargo das forças produtivas ou das relações de produção.

**Formação social.** A expressão pode implicar em dois âmbitos distintos: (1) tipos de sociedade (feudal, capitalista, etc.) ou (2) sociedades específicas (França do século XVIII, Brasil Colonial, sociedade dos índios ianomami, etc.). Na obra de Marx, por exemplo, a expressão aparece mais frequentemente como sinônimo de sociedade (como no "Prefácio" à "Crítica da Economia Política" de 1859).

**Função.** Noção que chegou às ciências humanas por empréstimo da linguagem da biologia (exemplo: função glicogênica do fígado), ou da linguagem administrativa (função diretiva, etc.).

**Funcionalismo.** Linha teórica que, nas ciências humanas, encara a sociedade como uma estrutura complexa de grupos sociais – em uma permanente interação entre ações e reações – ou como um sistema integrado de instituições onde umas agem e reagem em relação às outras. O funcionalismo trabalha com a imagem de um organismo social que representaria um todo em funcionamento. De um modo geral, pode-se dizer que os autores funcionalistas enfatizam a face consensual e harmoniosa da sociedade. Com relação às variedades de enfoques dentro do funcionalismo e ao seu desenvolvimento diacrônico, deve-se principiar por notar que a expressão "funcionalismo" teria surgido nos anos 30 do século XX, com Malinowski e Radcliffe-Brown, embora ambos enxergassem a sociedade de uma maneira diferenciada. Malinowski avaliava a ordem social em termos de satisfação das necessidades dos indivíduos – no que se refere à alimentação, proteção contra a agressão, à reprodução biológica ou ao acesso ao gozo sexual. Radcliffe-Brown tendia a avaliar a ordem social em termos de normatizações impostas aos indivíduos. Mais tarde, Talcott Parsons e Robert Merton trouxeram novos enfoques ao funcionalismo [ref.: Radcliffe-Brown, *Structure and function in primitive society*. Parsons, *The present position and prospects of systemathic theory in sociology* (1945). Merton, *Social theory and social structure* (1949)].

**Fundamento**. Proposição geral e simples de onde se deduz todo um conjunto de preceitos ou mesmo um sistema completo de pensamento. Por exemplo, um fundamento do Materialismo Histórico é o de que as condições de produção da vida material determinam, em última instância, todos os aspectos da vida social.

# G

**Grupo social**. Subconjunto de uma comunidade humana em que seus membros são definidos por algum tipo de relação de equivalência, como uma ocupação similar, um nível cultural análogo, uma filiação à mesma Igreja, ou poder econômico semelhante. Neste caso, a "classe social" seria no seu sentido mais habitual um tipo de grupo social onde a relação de equivalência entre os indivíduos que nela se enquadram é dada por um semelhante poder econômico ou prerrogativas políticas similares.

# H

**Hipótese**. Enunciado, em forma de sentença declarativa, que procura antecipar provisoriamente uma possível solução ou explicação para um problema – e que necessariamente deverá ser submetida a teste ou verificação em algum momento (podendo neste caso ser comprovada ou refutada). Em Filosofia e na Ciência, a Hipótese deve dar origem a um processo de deduções a partir de suas consequências, ao mesmo tempo em que seus desdobramentos e implicações podem buscar apoio na realidade empírica. Etimologicamente, "hipótese" significa "proposição subjacente" (*hipo* = embaixo; *thesis* = proposição). O principal papel da Hipótese é ajudar o intelecto a compreender mais facilmente os fatos, não apenas na atividade científica, mas na própria vida cotidiana – para isto contribuindo a potência inferencial* que deve apresentar toda hipótese. A esta função argumentativa vêm se juntar outras funções importantes, como a de guiar os vários passos de pesquisa, a de impor um recorte mais definido para o problema, a de propor antecipadamente soluções para o problema que se quer resolver (mesmo que estas soluções não sejam confirmadas) e a de criar generalizações coerentes a partir dos fatos percebidos na realidade.

**Hipótese *ad hoc***. Hipótese adotada com a única finalidade de salvar uma teoria de dificuldades ou de refutação. Embora alguns metodólogos sejam refratários à utilização de "hipóteses *ad hoc*", que em alguns casos são realmente absurdas e se dispõem a salvar teorias refutadas pelas evidências, vale a pena considerar os textos de Imre Lakatos e de Paul Feyerabend sobre a utilidade e até necessidade deste tipo de hipóteses para o avanço do conhecimento científico. O último destes autores cita o caso de Galileu Galilei, que se teria valido em algumas ocasiões das hipóteses *ad hoc* para salvar suas novas teorias [ref.: Paul FEYERABEND. *Contra o Método*].

**Hipótese analítica**. Tipo de hipótese que estabelece relações entre duas ou mais variáveis, ou entre dois ou mais fatores. Neste tipo encontram-se as hipóteses que estabelecem apenas uma relação de associação entre os termos e as hipóteses que estabelecem uma relação de dependência entre duas ou mais variáveis. Dentro deste padrão de hipóteses, podem se enquadrar hipóteses de caráter universalizante, como por exemplo as hipóteses que buscam verificar como a mudança de um fator implicaria em mudanças em outro ("se a temperatura de um gás for aumentada, deixando-se que permaneça constante a sua pressão, seu volume aumentará necessariamente").

**Hipótese descritiva**. Tipo de hipótese que enuncia uma determinada situação, de maneira linear e sem estabelecer relações entre vários termos. Neste caso enquadra-se a "hipótese casuística", que declara que um determinado objeto ou um fato específico possui certa característica (por exemplo: "existe vida em Marte"). Também corresponde ao grupo de hipóteses descritivas aquelas que se referem a uma frequência de acontecimentos, ou que buscam estabelecer a existência de uniformidades empíricas. Também se encontram próximas a este tipo as hipóteses que, não apenas se limitando a descrever uniformidades empíricas, procuram relacionar determinadas uniformidades empíricas (por exemplo, a hipótese de Ernest Burgess de que a cidade realiza o seu processo de expansão em "círculos concêntricos".

**Hipótese fenomenológica.** Hipótese que se restringe à superfície dos fenômenos, ou que se referem ao funcionamento *externo* de um sistema, sem se preocuparem com os aspectos internos do seu funcionamento.

**Hipótese representacional.** Hipótese que procura explicar o funcionamento de um sistema, os processos que subjazem sob os fenômenos ou que especificam mecanismos.

**Historicismo.** Tendência histórica que surge no século XIX a partir da historiografia alemã, opondo-se por um lado à antiga visão universalizante da História trazida pelo Iluminismo francês do século XVIII, e por outro lado à tendência positivista que se desenvolve no próprio século XIX (esta que propõe uma identificação entre objetividade e História Científica). O ponto de partida do Historicismo é uma visão específica e particular da História (e não universalizante), considerando os fatos históricos como únicos e não-repetíveis. Contra uma história universal, válida para todos os povos, o historicismo propõe histórias nacionais e particulares. Seu interesse mais específico é a História Política, e uma de suas grandes contribuições foi o aprimoramento da crítica interna dos documentos históricos. Por outro lado, o Historicismo das primeiras décadas do século XIX ainda compartilha da crença do Positivismo em alcançar uma verdade única e absoluta (ainda que aplicada a estudos particularizadores). Ranke, por exemplo, via o trabalho historiográfico como inteiramente objetivo e não encarava o seu relato como uma expressão particular sua, mas como uma expressão dos fatos "tal como eles efetivamente se deram". Contudo, gradualmente o historicismo vai se libertando dos resíduos positivistas. A partir de 1870, historicistas como Droysen, Dilthey e Rickert já propunham a ideia de que o conhecimento objetivo do passado só se realiza através da experiência objetiva daqueles que realizam o seu estudo. Neste caso, ressalta-se a permanente intervenção do historiador na seleção e na organização dos fatos que compõem o seu relato ou a sua análise histórica. Nestes termos, mina-se o mito da "neutralidade" positivista que era postulada para o cientista social, de forma análoga à que se esperava dos cientistas da natureza. O que mais tarde viria a ser criticado no Historicismo, principalmente pela Escola dos *Annales* no século XX e pelo campo dos historiadores marxistas, seria a sua não-superação de uma "história política" no sentido restrito, organizada como "história narrativa" que priorizaria o "eventual" (passando ao largo das possibilidades de uma história estrutural* e de um exame multidimensional do campo histórico (aspectos econômicos, culturais, sociais, para além do "político" no sentido mais restrito).

## I

**Ideia**. 1 – Aquilo através do qual elaboramos os pensamentos (conforme Locke, "aquilo de que se ocupa a mente quando pensa"; e conforme Descartes, "aquilo que está na mente de qualquer ser pensante"). 2 – Conforme a Teoria das Formas de Platão, as ideias teriam uma existência objetiva e atemporal (Platão, *Timeu*). Dito de outra maneira, a ideia corresponderia à "forma de uma realidade". 3 – Mais do que criações independentes da mente individual, as ideias dependeriam das estruturas sociais e sobretudo das estruturas linguísticas.

**Ideologia**. Expressão que apresenta atualmente inúmeros sentidos em uso nas Ciências Humanas. Por outro lado, no início do século XIX, a Ideologia era considerada uma disciplina filosófica, cujo objeto era a análise das ideias e das sensações. Serão discutidos aqui apenas os conteúdos relativos à "ideologia" enquanto um conceito utilizado nas ciências sociais. A ideologia pode ser vista por exemplo como um conjunto de crenças ou de concepções referentes à sociedade, ao lugar do indivíduo na sociedade, à organização da comunidade e ao controle político da mesma. Pode ser associada ainda a uma classe ou grupo social específico, surgindo conceitos como "ideologia burguesa" ou "ideologia proletária". Conforme seja uma ideologia imposta, ou conscientemente ou por processos de difusão mediante o qual não se dão conta nem mesmo os seus principais interessados, pode-se falar em "ideologia dominante". Existem também os sentidos de ideologia associados à ideia de inversão ou falseamento da realidade. Na verdade, o conceito de ideologia, tributário de seus múltiplos desenvolvimentos no campo do materialismo histórico, é polêmico, polissêmico e complexo, admitindo diversas acepções e possibilidades de emprego teórico. Por este motivo, é recomendável que seja utilizado somente depois de uma profunda reflexão relativa ao sentido que se lhe pretende emprestar.

**Imaginário.** Sistema ou universo complexo e interativo que abrange a produção e circulação de imagens visuais, mentais e verbais, incorporando sistemas simbólicos diversificados e atuando na construção de representações diversas. O conceito de "imaginário" parece ter sido pela primeira vez apropriado para a análise histórico-social por Cornelius Castoriadis em *A Instituição Imaginária da Sociedade* (1975). A partir daí, o conceito tem se mostrado polêmico nos campos da História e da Antropologia, merecendo definições diversificas das quais registraremos algumas. 1 – Conjunto de imagens não-gratuitas e das relações de imagens que constituem o capital consciente e pensado do ser humano (Gilbert Durand, *As Estruturas Antropológicas do Imaginário*). 2 – "Conjunto de imagens e relações de imagens produzidas pelo homem a partir, por um lado, das formas tanto quanto possível universais e invariantes e que derivam da sua inserção física e comportamental no mundo e, de outro, de formas geradas em contextos particulares historicamente determináveis" (Teixeira Coelho, *Dicionário Crítico de Política Cultural*). 3 – "Conjunto de representações que exorbitam do limite colocado pelas constatações da experiência e pelos encadeamentos dedutivos que estas autorizam" (Evelyne Patlagean, "A história do imaginário". In Le Goff, *A História Nova*). // Por outro lado, cumpre notar que a Psicanálise e a Filosofia já trabalham há mais tempo com o campo do imaginário. Vale lembrar os textos *L'Imagination* e *L'Imaginaire*, de Jean-Paul Sartre (1940), que abordam a questão do ponto de vista da fenomenologia e que se esforçam por descrever o "funcionamento específico da imaginação", distinguindo-o do comportamento mnésico ou do comportamento perceptivo. Da mesma forma, já desde 1938 Gaston Bachelard ocupou-se com uma série de obras sobre os sistemas de imagens (*Psychanalyse du feu*, de 1938; *L'Eau et les rêves*, de 1942; *L'Air et les songes*, de 1943; *La Terre et les rêveries de la volunté* e *La Terre et les rêveries du repos*, ambas de 1948). Na História, embora sem utilizar explicitamente o conceito de imaginário, deve-se citar a obra pioneira de Johanes Huizinga, que analisa simultaneamente imagens verbais e imagens visuais em *O Declínio da Idade Média* (1919). Mas é nas proximidades dos anos 70 do século XX que irá se desenvolver uma historiografia do imaginário, com autores como Jacques Le Goff e Georges Duby [ref.: G. Duby, *As Três ordens e o imaginário do Feudalismo*; J. Le Goff, *O Imaginário Medieval*].

**Inferência.** Qualquer operação através da qual uma proposição, cuja verdade não é conhecida diretamente, é admitida em virtude de sua ligação com outras proposições já tidas por verdadeiras. A ligação entre a proposição original e a proposição inferida pode ser tal que esta última seja julgada "necessária" ou apenas "verossímil". A dedução e a indução são casos especiais de inferência.

**Intencionalidade.** Na fenomenologia da imagem, corresponde ao modo como a imaginação tende para os seus objetos.

**Interdisciplinaridade.** Diálogo ou combinação entre duas ou mais disciplinas para produzir conhecimento científico. A partir das últimas décadas do século XX, a questão da interdisciplinaridade tem ocupado um lugar de destaque na reflexão crítica sobre o conhecimento científico. É nesta linha de preocupações que, associado às reflexões pioneiras de Georges Gusdorf acerca da necessidade da interdisciplinaridade, Japiassu propõe superar o "regime de fragmentação e de pulverização do saber" que, segundo ele, é "ciosamente incentivado, pois serve para fortalecer as tiranias magistrais, permitindo ao especialista dividir para reinar" (ref.: Hilton JAPIASSU, *Interdisciplinaridade e patologia do saber*, 1976. p.94-95]. À parte a análise política da fragmentação do conhecimento, Japiassu considera a interdisciplinaridade como uma categoria ou metodologia científica de integração em disciplinas. De importância análoga é o texto "A Interdisciplinaridade" de Georges Gusdorf (publicado na *Revista de Ciências Humanas*, 1977). Gusdorf propõe nesta e em outras obras a construção de um saber abrangente e questionador através de um esforço epistemológico coletivo que supere as fronteiras entre as diversas disciplinas. "Em outras palavras, o pensamento interdisciplinar seria um pensamento que escala o pensamento disciplinado, tal como ele se afirma no contexto das disciplinas particulares" (*op.cit.* p.16). Por outro lado, Gusdorf alerta para o fato de que interdisciplinaridade não é mera bricolagem de conhecimentos. "A ciência do homem não se constrói enquanto cada especialista se contentar, inocentemente, em depositar sua pedra no amontoado. Quanto maior o amontoado, mais se crê sábio. Contudo, um amontoado não é um edifício" (p.19). Enfim, o que Gusdorf propõe é uma integração orgânica de distintas disciplinas, e não uma mera justaposição.

## Glossário

**Intertextualidade**. Relacionamento dialógico entre dois textos. A questão da intertextualidade é complexa, uma vez que ela pode aparecer tanto no texto que o historiador se põe a analisar (as intertextualidades explícitas e implícitas inerentes à construção textual do documento estudado) como também na própria análise do historiador, que na sua leitura do documento estabelece intertextualidades em diversos níveis – seja colocando a fonte em diálogo com outras fontes, seja colocando a sua análise do texto em diálogo com as análises de outros autores. É por isso que Eliseo Verón escreve que "não se analisa jamais um texto: analisa-se pelo menos dois, quer se trate de um segundo texto escolhido explicitamente para a comparação, quer se trate de um texto implícito, virtual, introduzido pelo analista, muitas vezes sem que ele o saiba" (Eliseo Verón. *A produção do sentido*. p.2).

## J

**Juízo**. Proposição que estabelece uma relação entre conceitos.

**Juízo categórico**. Afirmação que não tem condição nem alternativa. Sua forma mais simplificada consiste na afirmação ou negação de um atributo relativo a um sujeito.

## L

**Lei**. Na produção científica, a palavra "lei" costuma se referir a enunciados que buscam descrever regularidades ou normas. Desta forma, uma lei declara a existência de um padrão estável entre eventos, situações ou objetos. Deve-se considerar, ainda, que o campo ou universo de aplicação de uma lei é habitualmente limitado, abrangendo apenas uma determinada classe de fenômenos ou um determinado circuito de observação. Assim, as leis da mecânica clássica formuladas por Newton têm validade especificamente no âmbito intraplanetário, perdendo esta validade no espaço interestelar ou no âmbito intra-atômico.

**Linha de Pesquisa**. Noção acadêmica e institucional, referindo-se a um ou mais centros de interesses de pesquisa prioritários que a Instituição ou Universidade procura criar para trazer coerência ao trabalho de seus pesquisadores, docentes e programas de pós-graduação.

## M

**Materialismo**. Noção que surge pela primeira vez com a filosofia grega, quando escolas filosóficas como a estoica e a epicurista opuseram-se às matrizes platônica e aristotélica a afirmação de que só existem a matéria e os corpos. Nos séculos XVII e XVIII, a partir da vertente iluminista da filosofia ocidental, surgem novas propostas materialistas, com filósofos que se opuseram ao espiritualismo cristão da época, por vezes identificado com o poder estabelecido. Estes filósofos basearam seus sistemas de pensamento na ideia de que só existe a Natureza, e de que esta é matéria. Já o materialismo proposto por Marx parte de uma mudança de enfoque. A matéria à qual ele se refere não corresponde aos corpos físicos e à Natureza, mas mais propriamente às relações sociais de produção econômica (o que o opõe, mais propriamente, ao idealismo hegeliano, para o qual as forças que movem a História estão na Ideia e na Consciência).

**Materialismo dialético.** Expressão empregada em algumas ocasiões como sinônima de materialismo histórico ou de marxismo, mas que, não obstante, comporta algumas nuances diferenciais. No sentido que a identifica sem maiores detalhes ao marxismo, foi empregada pela primeira vez por Lenin e Plekhanov. No sentido mais específico, a expressão deve ser empregada para designar partes da filosofia marxista que lidam com a teoria do conhecimento, a ontologia e a metafísica, mas excluindo a parte da filosofia social propriamente dita, que corresponderia mais especificamente ao "materialismo histórico".

**Materialismo histórico.** Expressão que designa a abordagem introduzida por Marx e Engels para a compreensão da História Humana e para a sua transformação. O materialismo orienta-se em torno de alguns pressupostos e perspectivas fundamentais: 1 – O desenvolvimento das sociedades humanas é dialético. 2 – O ponto de partida dos desenvolvimentos históricos é a base material da vida humana, daí decorrendo a sua organização social, cultural e política. O sistema fundamental a partir do qual toda sociedade gera a produção de sua vida material dando origem a tudo o mais é o que se denomina "modo de produção". 3 – A história da humanidade tem se apresentado sob a forma da "luta de classes", uma vez que qualquer organização social até hoje conhecida acaba gerando dentro de si a formação de divisões diversas, que a partir de determinado tipo de formações sociais corresponderiam às "classes sociais". As classes ou grupos sociais são expressões de necessidades geradas por um "modo de produção" específico. // Deve-se considerar ainda que o Materialismo Histórico foi se enriquecendo consideravelmente com contribuições de diversos autores, de modo que hoje em dia podem ser encontradas diversas correntes a partir desta perspectiva de análise histórico-social.

**Método.** (1) Caminho através do qual se pretende atingir determinados resultados. (2) Conjunto de procedimentos que são sistematizados com vistas a resolver um problema. Na pesquisa científica, o método implica em escolhas de técnicas e de alternativas para encaminhar a ação com vistas à solução de determinado problema. "Método" também pode se referir a uma determinada maneira de conduzir a argumentação ou de encaminhar um exame da realidade (a pesquisa científica conhece basicamente dois métodos de raciocínio fundamentais: a indução* e a dedução*). No que se refere aos aspectos mais amplos do enfrentamento de um problema, o conhecimento científico é basicamente constituído pelos métodos da observação* e da experimentação*. No sentido restrito, "método" está associado a abordagens mais específicas, o que inclui as diversas técnicas para o encaminhamento da observação, da experimentação e da análise de resultados obtidos em um processo de pesquisa.

**Método dedutivo.** Método de encaminhamento de raciocínio que parte de formulações mais gerais para chegar a formulações mais específicas, ou para explicitar as consequências necessárias da afirmação inicial proposta.

**Método experimental.** Método ou dimensão metodológica da investigação científica que se funda na experimentação*, compondo com a observação* a base da prática científica no Ocidente.

**Método indutivo.** Método de encaminhamento de raciocínio que parte de formulações mais específicas para chegar a formulações mais gerais, ou que busca conectar informações empíricas para daí extrair uma formulação geral que as abarque ou que justifique os aspectos empiricamente observados. Ver indução*.

**Micro-História.** Perspectiva historiográfica surgida na Itália a partir das últimas décadas do século XX, e que propõe ao historiador uma redução na sua escala de observação, permitindo-o enxergar aspectos que passariam desapercebidos ao historiador tradicional. A mudança de perspectiva e de escala de observação na Micro-História não significa necessariamente examinar uma realidade extremamente recortada no aspecto espacial ou temporal (como ocorre nos estudos de caso da História Regional). O aspecto microssocial examinado pode ser uma determinada dimensão da realidade, a trajetória de determinados atores sociais, uma vida, um padrão muito específico de discursos, uma prática, um pequeno núcleo de representações. Não se trata necessariamente de escolher um universo limitado como uma vizinhança ou uma aldeia, embora isto também possa ocorrer. Um aspecto importante a perceber, nestes últimos casos, é que a Micro-História não estuda propriamente *a* aldeia, mas *através* da aldeia. Habitualmente o objetivo da Micro-História, ao estudar realidades ou aspectos da realidade microlocalizados, é perceber algo da realidade mais ampla que não poderia ser percebido através da perspectiva da Macro-História tradicional. Metaforicamente, pode-se dizer que se trata de uma opção pelo microscópio ao invés do telescópio. Ainda utilizando uma metáfora, pode-se dizer que – dependendo do seu objeto de estudo – alguns micro-historiadores procuram "compreender o oceano inteiro a partir de uma gota d'água". Para encaminhar a sua prática historiográfica calcada em uma escala reduzida e intensiva de observação, a Micro-História procura dar uma atenção ao particular, ao detalhe, aos indícios reveladores. Da mesma forma, um dos caminhos abertos pela perspectiva da Micro-História reabilita a possibilidade historiográfica de examinar a trajetória dos indivíduos (não necessariamente os indivíduos célebres, mas também os indivíduos comuns), buscando nestes casos reconhecer um espaço de liberdade dos atores sociais dentro dos sistemas prescritivos e repressores, bem como as estratégias e margens de manobras utilizadas por estes atores para conciliar os imperativos do sistema com os interesses específicos que coexistem dentro dele. De um modo geral, a Micro-História leva a rejeitar as grandes generalizações processuais no que elas têm de demasiado redutoras, propondo-se em contrapartida um enfoque na complexidade e na pluralidade. Do ponto de vista metodológico, a proposta dos micro-historiadores volta-se para um estudo intensivo do material documental, de modo a não deixar escapar nem mesmo os indícios e pormenores, já que eles podem ser sintomas reveladores de uma realidade social mais ampla. Entre alguns dos micro-historiadores em maior evidência nas últimas décadas do século XX estão Carlo Ginzburg e Giovanni Levi [ref.: *Jogos de Escalas – A experiência da microanálise*, livro organizado por Jacques Revel (1999) que reúne textos de vários autores e simpatizantes do movimento, trazendo inclusive uma diversidade de posicionamentos no interior da própria Micro-História.

**Modelo.** Representação idealizada de uma classe de objetos reais.

**Modo de produção.** Conceito fundamental do "materialismo histórico", correspondendo à maneira como uma determinada sociedade produz as condições para a sua sobrevivência, perpetuação e desenvolvimento, ao transformar os materiais à sua disposição através de "forças produtivas" e ao estabelecer, para tal fim, determinadas "relações de produção" que estão na base da origem das "classes sociais" e outras divisões no interior do grupo humano considerado. O Modo de Produção corresponderia à estrutura fundamental que dá origem a toda organização social e implicaria em diferentes formas de propriedade dos meios de produção e de relações com as forças produtivas. Um texto significativo de Karl Marx que expõe esta perspectiva pode ser encontrado em *Contribuição à Crítica da Economia Política*: "O conjunto das relações de produção (que corresponde ao grau de desenvolvimento das forças produtivas materiais) constitui a estrutura econômica da sociedade, a base concreta sobre a qual se eleva uma superestrutura jurídica e política e à qual correspondem determinadas formas de consciência social. O modo de reprodução da vida material determina o desenvolvimento da vida social, política e intelectual em geral. Não é a consciência dos homens que determina o seu ser; é o seu *ser social* que, inversamente, determina sua consciência".

# N

**Neopositivismo.** Diz-se de certas correntes de pensamento do século XX que recuperam alguns preceitos do positivismo* do século XIX, embora os adaptando a abordagens mais modernas.

# O

**Observação.** Procedimento científico que consiste em ir até o fenômeno a ser examinado, com ou sem instrumentos de intermediação. Neste caso, não ocorre interferência na realidade, como no caso da "experimentação".

**Organicismo.** Tipo de abordagens dos estudos sociais segundo o qual as sociedades comportam-se como organismos análogos aos indivíduos ou seres vivos, obedecendo portanto a leis similares às que regem a Biologia. Entre alguns de seus representantes podem ser citados Spencer, Lilienfield e Worms.

## P

**Paradigma.** 1 – Modelo de pensamento, ação ou comportamento a ser seguido, ou que é aceito consensualmente durante determinado período por um grupo social ou humano específico. Como desdobramentos deste campo de sentidos, "paradigma" pode indicar tanto (a) uma "matriz disciplinar" ou um "padrão" dominante, como (b) um "exemplar concreto" ou "exemplo arquetípico ideal" a ser imitado. 2 – Na teoria da ciência, "paradigma" corresponde habitualmente a um conjunto de formulações teóricas que servem para legitimar problemas e métodos dentro de um determinado campo do conhecimento, norteando o pensamento de gerações de pesquisadores durante um determinado período de tempo (conforme proposição de Thomas Kuhn, 1962). Como exemplos, podem ser citados a Filosofia de Aristóteles, que funcionou como o paradigma predominante durante a escolástica medieval, e a Física Newtoniana até o advento dos novos paradigmas da ciência moderna, como a Física Quântica ou a Teoria da Relatividade de Einstein. 3 – Pode-se ressaltar ainda que, mesmo em Kuhn, o conceito de "paradigma" oscila entre os dois significados expostos em nossa primeira definição ("matriz" e "exemplar"). Assim, é o próprio Thomas Kuhn quem distingue dois significados principais para "paradigma", em um pós-escrito de 1970 para a *Estrutura das revoluções científicas*: 1: "constelação inteira de crenças, valores e técnicas compartilhados pelos membros de uma determinada comunidade" (paradigma no sentido de "matriz") e 2: "uma espécie de elemento desta constelação, as soluções concretas de quebra-cabeças que, empregadas como modelos ou exemplos, podem substituir regras explícitas como base para a solução dos restantes quebra-cabeças da ciência normal" (paradigma no sentido de "exemplar"). 4 – Com relação ao primeiro sentido (paradigma científico como "matriz"), Thomas Kuhn sustenta a ideia de que o conhecimento científico se desenvolve não por incremento ou enriquecimento de um único paradigma, mas por substituições sucessivas de paradigmas. Neste sentido, admitindo-se que toda teoria gera as suas anomalias e casos excepcionais, haveria um momento em que se acumulam determinadas exceções à regra e em que a teoria vai perdendo a sua capacidade de superá-las. É neste momento que as teorias concorrentes ganham estatura, e em decorrência deste processo pode advir a substituição de um paradigma científico por outro capaz de dar conta de um número maior de casos e de

## Glossário

certas necessidades geradas pela realidade empírica. 5 – De certo modo, a noção de "episteme" introduzida por Foucault em sua análise social da História das Ciências (ou também dos sistemas repressivos) é compatível com a ideia de "mudança de paradigmas" formulada por Thomas Kuhn. A "episteme" corresponderia a um "sistema de discursos socialmente definido", e em certos momentos históricos ocorreria a mudança de uma "episteme dominante" para outra [ref.: T. Kuhn, *A estrutura das revoluções científicas*; M. Foucault, *As palavras e as coisas*].

**Pesquisa experimental.** Investigação empírica na qual o pesquisador manipula ou controla de forma sistemática uma ou mais variáveis independentes e observa as variações decorrentes deste controle sobre as variáveis dependentes.

**Pesquisa *ex post facto*.** Investigação empírica na qual o pesquisador observa ou analisa fenômenos que já ocorreram, ou então fenômenos que estão ocorrendo mas que por sua natureza não são manipuláveis e não permitem, por conseguinte, um tratamento experimental do tipo em que o pesquisador exerce alguma forma de controle sobre as variáveis dependentes.

**População.** Uma totalidade de indivíduos ou grupo de objetos que possuem uma ou mais características em comum.

**Poder.** 1 – Capacidade de contribuir para resultados que afetem um outro indivíduo, um ou mais setores da sociedade, ou até mesmo a sociedade inteira. 2 – Mecanismos sociais que se voltam para a disciplina dos indivíduos, modelando seus discursos, seus desejos e até mesmo a sua própria subjetividade (Michel Foucault). 3 – "Poder é a produção de efeitos pretendidos" (Bertrand Russel, 1938).

**Positivismo.** Corrente de pensamento que, nos séculos XVIII e XIX, partiu de propostas de equiparação de aspectos e métodos utilizados nas ciências humanas com aspectos e métodos utilizados nas ciências exatas. Postulava-se, por exemplo, que a objetividade científica era similar nas ciências humanas e nas ciências naturais ou exatas. Outra ideia comum era a da "neutralidade" que o cientista social deveria assumir diante do seu objeto de estudo. As principais correntes positivistas colocavam-se como empiristas, no sentido de que o cientista social só deveria trabalhar com dados apreensíveis na realidade concreta, rejeitando qualquer pensamento especulativo. Por outro lado, no seu esforço de equiparação das ciências humanas às ciências naturais e exatas, os positivistas buscavam leis que explicassem o desenvolvimento das sociedades, à semelhança de leis que regem os fatos naturais. // Na historiografia ocidental, o rótulo "positivista" adquire modernamente um sentido que é com frequência pejorativo, estando neste caso associado à historiografia meramente factual (similar àquela que, em boa parte, se produzia no século XIX).

**Postulado.** Proposição que se pede ao interlocutor que a aceite como princípio para iniciar ou dar sequência a um processo de raciocínio, embora não seja nem uma proposição suficientemente evidente para que seja impossível colocá-la em dúvida (axioma*), nem seja possível validá-lo através de uma operação que não seria passível de ser contestada (como a demonstração de uma hipótese*). Desta forma, o postulado coloca-se como qualquer princípio de um sistema dedutivo que, inteiramente dependente do assentimento do interlocutor, não é nem uma definição*, nem uma assunção provisória (hipótese), nem uma proposição evidente por si própria (axioma).

**Potência inferencial.** Capacidade apresentada por uma hipótese de dar origem a novas proposições, produzindo-se com isto uma série articulada de enunciados que constituem o método "dedutivo" de raciocínio e argumentação.

*Praxis*. 1 – Expressão utilizada desde a época de Aristóteles, para quem as três atividades humanas fundamentais seriam a *Praxis*, a *Theoria* e a *Poiêsis* (criação artística). No sentido empregado por Aristóteles, a *praxis* estaria relacionada com a ação voluntária que busca alcançar objetivos. 2 – Com Karl Marx, a *praxis* passa a se associar ao ideal de transformar o mundo através da atividade revolucionária. Assim, na primeira das *Teses contra Feuerbach* Marx define a *praxis* como atividade prático-crítica, e a partir daí este conceito passaria a representar a unificação entre a "interpretação" e a "modificação" do mundo. 3 – Acompanhando o sentido celebrizado por Karl Marx, Lukács acrescentou a definição da *praxis* como "eliminação da indiferença da forma em relação ao conteúdo". 4 – Em um sentido mais amplo, mas também sintonizado com a definição marxista, pode-se ainda dizer que "o conceito de *praxis* exprime precisamente o poder que o homem tem de transformar o ambiente externo, tanto natural como social" (Gustavo Gozzi, "Praxis". *Dicionário de Política* de Norberto Bobbio).

**Premissa**. Proposição da qual se infere uma outra proposição (ver inferência*).

**Pressuposto**. Afirmação aceita sem contestação e não investigada no âmbito de uma pesquisa à qual se aplica.

**Princípio**. Proposição que fundamenta um processo de dedução ou um sistema teórico, não sendo deduzida de nenhuma outra proposição no sistema considerado e funcionando como proposição diretiva à qual, em sintonia com outros princípios, todo desenvolvimento ulterior deve ser subordinado.

**Problema**. Questão proposta para que se lhe dê solução. 1 – O chamado "problema científico", do tipo que aparece nos projetos e textos em modelo de tese, coincidem com um determinado padrão que, em alguns casos, os distinguem dos "problemas" da vida cotidiana e também dos "problemas filosóficos". Em primeiro lugar, o problema científico deve ter uma natureza indagadora. Não precisa necessariamente ser formulado como pergunta, mas deve pelo menos conter uma pergunta dentro de si. Em segundo lugar, deve apresentar clareza e precisão – o que implica em um recorte muito específico dentro do qual ele encontrará os seus limites. Não é propriamente um problema historiográfico indagar qual é "a natureza ou essência das revoluções" (embora este seja certamente um "problema filosófico" interessante. Mas é um problema histórico corretamente delimitado indagar quais os "fatores econômicos que contribuíram para a eclosão da Revolução Francesa". Este exemplo ilustra também uma característica que deve aparecer no "problema científico": ele deve conter uma dimensão empírica, referindo-se a uma realidade concreta e passível de ser investigada. Já o "problema filosófico" não precisa apresentar necessariamente esta dimensão empírica, podendo ficar no âmbito especulativo, e mesmo ser o ponto de partida para uma reflexão acerca de "valores" (como por exemplo os problemas de natureza ética). Já os problemas científicos, inclusive no âmbito das ciências humanas, devem se afastar tanto quanto possível dos valores e trabalhar com noções que tenham uma base empírica (não a "comunidade católica mais religiosa", mas a "comunidade em que se detecta uma maior frequência aos cultos religiosos dominicais". 2 – Em um projeto ou em um texto no modelo de tese, o problema central pode ser compreendido como uma indagação que atravessa o tema, recortando ou direcionando a sua elaboração. Neste sentido, o problema mostra-se como um recorte mais específico que se imprime ao tema, trazendo um caráter questionador ao estudo ao invés de deixar que ele se desenvolva como um trabalho meramente descritivo. Um determinado recorte temático pode se abrir, por outro lado, para alguns problemas fundamentais (e não somente um) que podem ser trabalhados simultaneamente pelo estudioso. Neste caso, estes problemas desdobrados que compõem juntos a problemática da pesquisa podem cada qual corresponder a uma das hipóteses iniciais de trabalho, que deverão aparecer no capítulo do projeto referente às Hipóteses*.

## Q

**Quantitativa** (História). Domínio da História onde se opera através da utilização sistemática de fontes e métodos quantitativos, tanto na descrição como na análise histórica.

## R

**Rebelião**. Movimento social que se distingue da "revolução"* por alguns aspectos essenciais. Em geral a rebelião restringe-se a uma área geográfica circunscrita. Grosso modo, também não é marcada significativamente por motivações ideológicas, e dirige-se mais para a satisfação imediata de reivindicações de caráter político ou econômico, não se preocupando particularmente com transformações menos ou mais radicais na ordem constituída.

**Recorte temático**. Recorte que se impõe ao tema de uma pesquisa, tornando-o delimitado, preciso e viável para o início do estudo a ser desenvolvido. Em História, o "recorte temático" de uma pesquisa pressupõe necessariamente uma explicitação do período de tempo abarcado (recorte temporal) e do âmbito espacial em referência (recorte espacial).

**Recorte temporal**. Em uma pesquisa de História, corresponde ao período examinado pelo historiador, ou aos limites de tempo dentro dos quais se estabelece a validade do estudo desenvolvido. Habitualmente, a explicitação do recorte temporal deve aparecer de alguma forma já no título do trabalho.

**Relações de produção**. Correspondentes aos modos de propriedade econômica das forças produtivas e às relações sociais hierarquizadas que são geradas por estes modos de propriedade (ver *forças produtivas**, *modo de produção** e *materialismo histórico**).

## Glossário

**Revolução.** No sentido político, movimento social que se direciona para a derrubada das autoridades políticas existentes com vistas a efetuar radicais mudanças nas relações políticas e na esfera social. No sentido extrapolítico, processo (nem sempre brusco) que produz modificações radicais em uma sociedade, em uma estrutura, ou mesmo em um campo do conhecimento. As duas correntes de sentido aparecem em autores diversos, conforme exemplificações estabelecidas a seguir. 1 – Dentro do Materialismo Histórico aparecem os dois usos para esta expressão. Em *A Ideologia Alemã*, a revolução corresponde ao salto qualitativo de um modo de produção para o seguinte. Em obras como *A Luta de Classes na França*, bem como em artigos diversos, Marx e Engels empregam a expressão revolução no sentido político de "levante armado" ou movimento social, atribuindo-lhe uma conotação flexível se a compararmos, por exemplo, com os usos de Hannah Arendt para a palavra "revolução". 2 – Para Hannah Arendt, o que habilitaria a classificar um determinado movimento social como "revolução" seria a convergência dos seguintes fatores: (1) uma mudança política brusca e violenta, (2) a consecução ou o projeto de uma transformação social efetiva, (3) a presença da ideia de "liberdade política" para além da mera "libertação", e (4) a convicção de um "novo começo" por parte dos atores sociais. 3 – Gianfranco Pasquino, no *Dicionário de Política* coordenado por Norberto Bobbio, concorda de uma maneira geral com estes aspectos, mas introduz um detalhe a mais já na abertura do seu verbete ao sugerir que a revolução não é necessariamente um movimento que tenha sido bem-sucedido, bastando que seja uma *tentativa* de estabelecer mudanças sociais e políticas profundas (neste sentido, acrescenta a noção de "revolução frustrada"). 4 – Já alguns historiadores da *Escola dos Annales* ou de correntes daí derivadas empregaram a expressão "revolução" no sentido de uma perturbação, ou até mesmo de transformações muito lentas, que promovem a passagem de uma estrutura para outra (Krzystof POMIAN, *A História das Estruturas*). Esta ideia de revolução como passagem de uma estrutura para outra não deixa de se correlacionar com a ideia, também presente no marxismo, de que a revolução assinala a passagem de um modo de produção a outro. 5 – Por fim, a noção de revolução pode também se aplicar a um aspecto exclusivamente cultural, referindo-se a transformações radicais dos conceitos artísticos ou científicos dominantes numa determinada época (é neste sentido, por exemplo, que se fala em uma "revolução copernicana" na Ciência). // No que concerne ainda à noção de revolução como movimento social, torna-se possível ainda desdobrar a noção mais ampla de revolução em "revolução política" (que produziria mudanças apenas nas instituições governamentais) e "revolução social", que produziria transformações na distribuição da riqueza e nos modelos de organização de uma sociedade.

## S

**Semântica**. Uma das dimensões componentes da *semiótica**, conjuntamente com a sintaxe* e a *pragmática*. Tem como objeto estudar os conteúdos investidos nas relações sintáticas, nos diferentes níveis de descrição linguística ou semiótica (ver *semiótica**, *signo** e *sintaxe**).

**Semiótica**. Estudo da comunicação e de seus processos por meio de símbolos e de suas relações com a criação e transmissão de significados. Na Antiguidade e conforme a etimologia grega, a semiótica já significava "interpretação dos signos"; contudo, correspondia a um campo da medicina que estudava os sintomas de doenças (é com este sentido que aparece nas obras de Galeno). Locke foi o primeiro a atribuir-lhe o sentido de "teoria dos signos" na moderna acepção (ver signo*). A semiótica é um aspecto importante das teorias estruturalistas*, embora não se limite a elas. Para além de Peirce, que sistematizou a noção de signo, um marco para a semiótica (já com seu sentido estruturalista) está na obra de Saussure, que passou a distinguir a "parole" (língua em uso) da "langue" (que seria a estrutura abstrata e fundamental que está por trás da "parole"). Esta perspectiva estruturalista da semiótica foi continuada em múltiplas direções por autores diversos, como Greimas, Kristeva ou Roland Barthes (sobre este último, ver *texto**).

**Signo**. Os signos emergem das relações entre *significantes* – que podem ser palavras, gestos, sinais, imagens ou artefatos – e os *significados* (objetos, ideias ou intenções que motivam a produção dos significantes). Peirce, um dos primeiros a sistematizar uma teoria da comunicação, dividia os signos em três tipos: (1) o *ícone*, caracterizado pela sua semelhança com o objeto que busca representar (como por exemplo uma fotografia ou um quadro figurativo); (2) o *índice*, criado ou influenciado por aquilo que ele indica (como por exemplo um desenho de um cigarro cortado por uma linha transversal para sinalizar uma área onde é proibido o fumo); e (3) o *símbolo*, que é um signo arbitrário cujo significado é questão de convenção ou de acordo entre aqueles que participam do processo de comunicação (como por exemplo o logotipo de uma empresa, ou a suástica como símbolo do nazismo). Com relação aos seus campos internos, a semiótica pode ser dividida em *semântica* (que examina as relações entre os signos e o que eles representam), a *pragmática* (que investiga a dependência que o significado tem do signo no que concerne à sua função ou ao seu contexto) e a *sintaxe* (que examina as relações entre os signos propriamente ditos dentro de uma abstração independente de aplicações na realidade concreta).

**Silogismo.** Inferência de uma proposição, ou "conclusão", a partir de duas "premissas", onde cada premissa tem um termo em comum com a conclusão e um termo em comum com a outra premissa. O termo que não ocorre na conclusão é habitualmente denominado "termo médio". Chama-se "premissa maior", habitualmente enunciada em primeiro lugar, aquela que contém o predicado da conclusão; e chama-se "premissa menor" aquela que contém o sujeito da conclusão. O sujeito da "premissa maior" também deve ser mais geral que o sujeito da "premissa menor", incluindo-o. Um exemplo clássico de premissa é o que se segue: "todos os homens são mortais; todos os gregos são homens; logo, todos os gregos são mortais" (neste caso, "homens" é o "termo médio", e a conclusão reúne o predicado da "premissa maior" e o sujeito da "premissa menor").

**Sincrônico.** No mesmo tempo, simultâneo. Ver *Diacrônico\**.

**Sintaxe.** Uma das dimensões componentes da *semiótica\**, conjuntamente com a *semântica\** e a *pragmática*. Tem como objeto o estudo das relações e regras de combinação dos elementos linguísticos, tendo em vista a abordagem ou a constituição de unidades variáveis que são a frase, o discurso, o texto, ou a narrativa, conforme o nível de descrição semiótica escolhido (ver *semiótica\** e *semântica\**).

**Sistemismo.** Abordagem que aplica nas ciências humanas uma combinação das concepções funcionalistas com a Teoria dos Sistemas. Embora partindo de algumas proposições funcionalistas, o sistemismo dele se diferencia por considerar que todo sistema se caracteriza por uma certa dose de conflito, tanto interna como externamente, no confronto de um sistema com outros. Neste sentido, opõe-se à tendência funcionalista mais tradicional de apenas enfatizar a face consensual e harmoniosa das sociedades. Por outro lado, o sistemismo diferencia-se das abordagens dialéticas por não lidar com os conflitos não solucionáveis no âmbito sistêmico; isto é, aqueles conflitos que acarretariam na superação do sistema.

## T

**Tema.** 1 – Objeto de estudo ou de discussão. 2 – Qualquer coisa que se presta a uma elaboração posterior, nos vários domínios do pensamento ou da comunicação humana. Na Música, "desenvolver" um tema ou "variá-lo" é explorar criativamente as suas potencialidades, apresentando-o sucessivamente de novas maneiras. Na comunicação escrita ou oral, desenvolver um tema é aprofundar os seus aspectos, examinar os seus desdobramentos, discutir as suas implicações. 3 – Em uma tese (ou no projeto de pesquisa) o tema corresponde ao universo que será investigado a partir de procedimentos característicos do conhecimento científico. Deve-se, contudo, distinguir o *tema* de uma pesquisa do *assunto* a que ela se refere. O *assunto* é já um recorte mais especificado dentro de um determinado campo de interesses ou de uma disciplina, mas não chega a constituir ainda um *tema* propriamente dito. Assim, o assunto "Conquista da América" já fornece uma especificação dentro do campo de estudos da História da América, mas ainda não é um tema. Já a "sujeição dos povos astecas pelos conquistadores liderados por Fernando Cortês" começa a adquirir maior precisão, vindo a se constituir em um *tema* dentro do assunto antes proposto. Para a elaboração de uma Tese, exigir-se-iam ainda novos recortes para além do tema, de modo a se chegar finalmente à formulação de um *problema*\* mais específico que pode incidir ou se ver inscrito dentro desta temática mais ampla.

**Tendência.** Inclinação, propensão, vocação. Também utilizada para "tendência filosófica" no sentido de inclinação para determinado conjunto de ideias, ou de "tendência histórica" no sentido de conjunto de forças ou acontecimentos que favorecem determinado processo (por exemplo, "tendência centralizadora").

**Teoria.** Corpo coerente de princípios, hipóteses e conceitos que passam a constituir uma determinada visão científica do mundo. Conforme Mario Bunge, uma teoria seria um "conjunto de proposições ligadas logicamente entre si e que possuem referentes em comum" (*Epistemologia*, p.41).

**Teoria dos "Grandes Homens".** Ideia de que o curso da história é modelado pela ação de indivíduos excepcionais. Esta teoria atingiu um de seus pontos altos com a obra do historiador escocês Thomas Carlyle, para quem "a história do mundo não é nada mais que a biografia dos grandes homens".

**Texto**. Simultaneamente um "objeto de significação" e um "objeto de comunicação cultural entre sujeitos". Estes dois aspectos na verdade se complementam: por um lado o texto pode ser definido pela organização ou estruturação que faz dele uma "totalidade de sentido", e por outro lado pode ser definido como objeto de comunicação que se estabelece entre um destinador e um destinatário. A tentativa de avaliar o texto na sua primeira dimensão, a de "objeto de significação", gera a análise interna ou estrutural do texto (que pode ser empreendida por aportes teóricos e metodológicos diferenciados, sendo a semiótica\* uma destas possibilidades). A avaliação do texto como "objeto de comunicação" implica na análise do contexto histórico-social que o envolve e que, de alguma maneira, atribui-lhe sentido. Neste caso, empreende-se a análise externa do texto, que também pode ser concretizada através de diferenciados aportes teóricos e metodológicos. Ainda com relação à sua análise externa, o texto também pode ser examinado do ponto de vista das intenções ou das motivações pessoais do autor que o produziu, ou daqueles que dele se apropriam imputando-lhe novos sentidos. A perspectiva mais útil para a História é considerar o texto a partir da dualidade que o define enquanto "objeto de significação" e "objeto de comunicação". Por outro lado, autores como Roland Barthes consideram o texto como um sistema autossuficiente de signos cujo significado provém de suas inter-relações, e não de fatores externos como a "intenção do autor" ou o seu "contexto de produção". Assim, para a perspectiva estruturalista de Roland Barthes as palavras, símbolos e imagens em interação criam sistemas de significados que repetem a estrutura da linguagem e refletem as funções sociais da mitologia.

**Trabalho**. Atividade humana aplicada à produção de riqueza ou dos meios necessários à produção e reprodução da vida humana.

# U
**Urbana** (Ecologia). Ver Escola de Chicago\*.

# V
**Variável**. Termo que tem sua origem na Matemática, onde serve para designar uma quantidade que pode assumir diversos valores, habitualmente considerados em relação a outros valores. Em experimentos científicos e em hipóteses do tipo analítico que são propostas

para compreender a relação entre dois fatores, chama-se "variável independente" àquela que, ao ser manipulada, espera-se que cause modificações na segunda, que é por isto chamada de "variável dependente". Pode ocorrer também a participação de um terceiro tipo de variável, chamado de variável "intermediária" ou "interveniente", da qual se espera produzir um efeito sobre a relação entre a variável independente e a variável dependente.

# REFERÊNCIAS BIBLIOGRÁFICAS

ABBAGNANO, Nicola. *Dicionário de Filosofia*. São Paulo: Martins Fontes, 2000.

ARENDT, Hannah. *Da Revolução*, São Paulo: Ática/UNB, 1998.

ARENDT, Hannah. *O Que é Política?* Rio de Janeiro: Bertrand Brasil, 1990.

BACHELARD, Gaston. "O Novo Espírito Científico". In *Os Pensadores*, XXXVIII, São Paulo: Abril Cultural, 1974.

BACHRACH, Arthur J. *Introdução à pesquisa psicológica*. São Paulo: EPU, 1975.

BARROS, José D'Assunção. *O Campo da História*. Petrópolis: Vozes, 2004.

BARTHES, Roland. *Miti d'oggi*. Milano: Lerici, 1962.

BASTIDE, Roger (coord.). *Usos e sentidos do termo "estrutura" nas ciências humanas*. São Paulo: Herder/EDUSP, 1971.

BEHE, Michael. *A Caixa Preta de Darwin*. Rio de Janeiro: Jorge Zahar, 1997.

BELCHIOR, Procópio G.O. *Planejamento e Elaboração de Projetos*. Rio de Janeiro: Companhia Editora Americana, 1972.

BLOCH, Marc. *Les caractères originaux de l'histoire rurale française*. Paris: A. Colin, 1952.

BONAZZI, Tiziano. "Mito Político". In BOBBIO, Norberto (org.). *Dicionário de Política*. Brasília: UNB, 2000. p.754-762.

BOTTOMORE, Tom (org.). *Dicionário do Pensamento Marxista*. Rio de Janeiro: Jorge Zahar, 1998.

BRAUDEL, Fernando. *O mediterrâneo e o mundo mediterrânico na época de Felipe II*. São Paulo: Martins Fontes, 1984. 2 vol.

BRAUDEL, Fernando. *Civilização Material, Economia e Capitalismo*. São Paulo: Martins Fontes, 1997. 3 vol.

BRAUDEL, Fernando. *L'identité de la France*. Paris: Arthaud/Flamarion, 1986. 3 vol.

BRAUDEL, Fernando. *Escritos sobre a História*. São Paulo: Perspectiva, 1978.

BRUIT, Héctor. "O Trauma de uma Conquista Anunciada". In GEBRAN, Philomena e LEMOS, M.T. (org.). *América Latina: Cultura, Estado e Sociedade*. Rio de Janeiro: ANPHLAC, 1994.

BUNGE, Mario. *La investigación científica: su estrategia y su filosofía*. Barcelona: Ariel, 1976.

BUNGE, Mario. "Simplicidade no trabalho teórico". In *Teoria e Realidade*. São Paulo: Perspectiva, 1974.

BUNGE, Mario. *Epistemologia*. São Paulo: T.A. Queiroz, 1982.

BURGUIÈRE, André. *Dicionário das Ciências Históricas*. São Paulo: Imago, 1993.

BURGESS, E.W.; PARK, E.; McKENZIE, R.D. *The City*. Chicago: University of Chicago Press, 1925.

BURKE, Peter (org.). *A Escrita da História – Novas perspectivas*, São Paulo: UNESP, 1992.

CARDOSO, Ciro Flamarion. *Narrativa, Sentido e História*. São Paulo: Papirus, 1997.

CARDOSO, Ciro Flamarion e VAINFAS, Ronaldo (orgs.). *Domínios da História*. Rio de Janeiro: Campus, 1997.

CARDOSO, Ciro Flamarion. "História da Agricultura e História Agrária: perspectivas metodológicas e linhas de pesquisa". In *Agricultura, escravidão e capitalismo*. Petrópolis: Vozes, 1982.

CARDOSO, Ciro Flamarion. *Os Métodos da História*. Rio de Janeiro: Graal, 1990.

# Referências Bibliográficas

CARDOSO, Ciro Flamarion. "Escravismo e Dinâmica da população escrava nas Américas". In *Estudos Econômicos*, XIII, n° 1, 1983. p.45-46.

CARDOSO, Ciro Flamarion. "Novas perspectivas acerca da escravidão no Brasil". In *Escravidão e Abolição no Brasil*. Rio de Janeiro: Jorge Zahar, 1988. p.16-71.

CASTORIADIS, Cornelius. *A Instituição Imaginária da Sociedade*. Rio de Janeiro: Paz e Terra, 1982.

CERTEAU, Michel de. *A Escrita da História*. Rio de Janeiro: Forense, 1982.

CERVO, Amado Luís e BERVIAN, Pedro Alcino. *Metodologia científica para uso dos estudantes universitários*. São Paulo: McGraw-Hill do Brasil, 1978.

CHAUNU, P. "Une histoire religieuse sérielle – A propos de diocèse de la Rochelle (1648-1724) et sur quelques exemples normands". In *Revue d'Histoire moderne et contemporaine*, Paris, tomo VII, jan-mar. 1965.

CHAUNU, Pierre e CHAUNU, Huguette. *Séville et l'Atlantique*. Paris: S.E.V.P.E.N., 1955-1956.

COSTA, Emília Viotti da. *Da senzala à colônia*. São Paulo: UNESP, 1998.

CROCE, Benedetto. *Teoria e storia della storiografia*. Bari: Laterza & Figli, 1943.

DA MATTA, Roberto. *Relativizando – Uma introdução à antropologia social*. Rio de Janeiro: Rocco, 2000 (6ª edição).

DARTON, Robert. "História Intelectual e Cultural" e "a História das Mentalidades – O caso do olho errante". In *O Beijo de Lamourette*. São Paulo: Companhia das Letras, 1990. p.175-197 e p.225-255.

DARWIN, Charles. *A Origem das Espécies*. Brasília: UNB, 1992.

DELATTRE, P. "Teoria/Modelo". In ROMANO, Ruggiero (dir.). *Enciclopédia Einaudi, 21 (Método – Teoria/Modelo)*. Lisboa: Imprensa Nacional, 1992.

DOSSE. *A História em Migalhas*: Editora Ensaio, 1994.

DUBY, Georges. *O Domingo de Bouvines*. Rio de Janeiro: Paz e Terra, 1993.

DURAND, Gilbert. *As estruturas antropológicas do Imaginário*. Lisboa: Presença, 1989.

DURKHEIM, Émile. *O Suicídio*. São Paulo: Martins Fontes, 1999.

EAGLETON, Terry. *Ideologia*. São Paulo: UNESP, 1997.

ECO, Umberto. *Como se faz uma tese*. São Paulo: Perspectiva, 1995.

ELIAS, Norbert. *O Processo Civilizador*. Rio de Janeiro: Jorge Zahar, 1990.

ENGELS, Friedrich. "Cartas a C. Schmidt e a F. Mehring". In FERNANDES, Florestan (org.). *Marx e Engels*. São Paulo: Ática, 1984. p. 455- 468.

FEBVRE, Lucien. *Le problème de l'incroyance au XVIème siècle. La religion de Rabelais*. Paris: Albin Michel, 1962.

FEBVRE, Lucien. *Martín Lutero: un destino*. México: Fondo de Cultura Económica, 1956 [seleção de capítulos em Carlos Guilherme Mota (org.). *Lucien Febvre*. São Paulo: Ática, 1978. p.81-95].

FEBVRE, Lucien. *Combates pela História*. São Paulo: UNESP, 1992.

FERNANDES, Florestan (org.). *Marx e Engels*. São Paulo: Ática, 1984.

FERRARI, Alfonso Trujillo. *Metodologia Científica*. São Paulo: McGraw-Hill, 1982.

FERREIRA, Aurélio Buarque de Holanda. *Novo Dicionário da Língua Portuguesa*. Rio de Janeiro: Nova Fronteira, 1975.

FEYERABEND, Paul. *Contra o Método*. Rio de Janeiro: Francisco Alves, 1989.

FOUCAULT, Michel. *Microfísica do Poder*. São Paulo: Graal, 1985.

FOUCAULT, Michel. *As Palavras e as Coisas*. São Paulo: Martins Fontes, 1998.

FOUCAULT, Michel. *Arqueologia das Ciências e História dos Sistemas de Pensamento*. Rio de Janeiro: Forense Universitária, 2000.

FREYRE, Gilberto. *O escravo nos anúncios de jornais brasileiros do século XIX*. São Paulo: Brasiliana, 1988.

FREUD, Sigmund. *Moisés e a Religião Monoteísta* [1939]. Lisboa: Guimarães, 1990.

FREUD, S. "Além do princípio do prazer" [1920]. In *Obras Psicológicas Completas de Sigmund Freud*. Rio de Janeiro: Imago, 1974-1977.

FURET, François e OZOUF, Mona (orgs.). *Dicionário Crítico da Revolução Francesa*. Rio de Janeiro: Nova Fronteira, 1989.

FURET, François. *A Oficina da História*. Lisboa: Gradiva, 1991. v. I.

FURET, François e OZOUF, Mona (orgs.). *Dicionário Crítico da Revolução Francesa*. Rio de Janeiro: Nova Fronteira, 2000.

GEBARA, Ademir, MARTINS, H.N. e outros. *História Regional: uma discussão*. Campinas: UNICAMP, 1987.

GIL, Antônio Carlos. *Como elaborar projetos de pesquisa*. São Paulo: Atlas, 1996.

GINZBURG, Carlo. "Prefácio à edição italiana" em *O Queijo e os Vermes*. São Paulo: Cia. das Letras, 1989.

GINZBURG, C. *A Micro-História e outros ensaios*. Lisboa: Difel, 1991.

GINZBURG, C. "Provas e possibilidades à margem de 'il ritorno de Martin Guerre', de Natalie Zemon Davis". In *A Micro-História e outros ensaios*, Lisboa: DIFEL, 1991. p.179-202.

GODELIER, Maurice. *Horizons, trajets marxistes en anthropologie*. Paris: F. Maspero, 1973.

GOODE, William e HATT, Paul K. *Métodos em Pesquisa Social*. São Paulo: Companhia Editora Nacional, 1968.

GORENDER, Jacob. *Escravismo Colonial*. São Paulo: Ática, 2001.

GORENDER, Jacob. "Questionamentos sobre a teoria econômica do escravismo colonial". In *Estudos Econômicos*, XIII, n° 1, 1983. p.7-39.

GRAMSCI, Antonio. *Cadernos do Cárcere*. Rio de Janeiro: Civilização Brasileira, 2001. 3 vol. Tradução de Carlos Nelson Coutinho.

GRAWITZ, Madeleine. *Métodos y técnicas de las ciencias sociales*. Barcelona: Hispano Europea, 1975.

GRENDI, Edoardo. "Microanalisi e storia sociale". In *Quaderni storici*, n° 35. Roma: maio-agosto de 1977.

GRUZINSKI. "Acontecimento, bifurcação, acidente e acaso... observações sobre a história a partir das periferias do Ocidente". In MORIN, Edgar (org.). *A Religação dos Saberes*. Rio de Janeiro: Bertrand Brasil, 2001. p.359-368.

GUSDORF. "A Interdisciplinaridade". In *Revista de Ciências Humanas*, v. I, n° 2, jul./set. Rio de Janeiro, 1977.

HARRIS, Ch. e ULLMAN, E.L. "The Nature of Cities". In *Annales of American Academy of Political and Social Science*, CCLII. New York: 1945.

HOBSBAWM, Eric. "O Presente como História". In *Sobre História*. São Paulo: Cia. das Letras, 2000. p.243-255.

HOYT, H.Y. *The Structure and Growth of Residential Neighbourhoods in American Cities*. Washington: U.S. Gov. Printing Office, 1939.

HILL, Christopher. *O Mundo de Ponta-Cabeça*. São Paulo: Cia. da Letras, 1991.

HILL, Christopher. *O Eleito de Deus*. São Paulo: Cia. das Letras, 2001.

HUNT, E.H. "The new economic history: Professor Fogel's study of the American railways". In History, vol. LIII, n° 177, fevereiro de 1968.

JAPIASSU, Hilton. *Interdisciplinaridade e patologia do saber*. Rio de Janeiro: Imago, 1976.

KAPLAN, Abraham. *A conduta na pesquisa: metodologia para as ciências do comportamento*. São Paulo: Herder/Edusp, 1969.

KONOWLTON, James e CATES, Truett (orgs.). *Forever in the shadow of Hitler?* New Jersey: Atlantic Highlands, 1993.

KRANTZ, Frederick. *History from Below: Studies in Popular Protest and Popular Ideology*. Oxford: Ed. Frederick Krantz, 1988.

KUHN, Thomas S. *A Estrutura das Revoluções Científicas*. São Paulo: Perspectiva, 1990.

LACCOUTURE, Jean. "A história imediata". In Jacques LE GOFF (org.). *A História Nova*. São Paulo: Martins Fontes, 1990. p.215-240.

LADURIE, Emmanuel Le Roy. *Histoire du climat depuis l'an mil*. Paris: Flamarion, 1967.

# Referências Bibliográficas

LAKATOS, Imre e MUSGRAVE, A. (org.). *A crítica e o desenvolvimento do conhecimento*. São Paulo: Cultrix, 1979.

LAKATOS, Eva Maria e MARCONI, Marina de Andrade. *Metodologia Científica*. São Paulo: Atlas, 2000.

LALANDE, André. *Vocabulário Técnico e Crítico de Filosofia*. São Paulo: Martins Fontes, 1999.

LE GOFF, Jacques. *São Francisco de Assis*. Rio de Janeiro: Record, 2001.

LE GOFF, Jacques (org.). *A História Nova*. São Paulo: Martins Fontes, 1990.

LE GOFF, Jacques. *São Luís*. Rio de Janeiro: Record, 1999.

LE GOFF, Jacques e NORA, Pierre. *Novos problemas, novas abordagens e novos objetos*. Rio de Janeiro: Francisco Alves, 1988.

LEITE, Miriam Lifchitz Moreira. "O Periódico: variedade e transformação". *Anais do Museu Paulista*. São Paulo: USP, 28: 137-151, 1977.

LEÓN-PORTILLA, Miguel. *A Visão dos Vencidos – A tragédia da conquista narrada pelos astecas*. Porto Alegre: LPM, 1987.

LIPIETZ, Alain. *Le capital et son espace*. Paris: Maspero, 1977.

LÓPEZ, Fernão. *Crônica de el-Rei D. João*. Lisboa: Imprensa Nacional/Casa da Moeda, 1973.

LÖWY, Michael. *Ideologias e Ciência Social*. São Paulo: Cortês, 1995.

MARTINS, Ana Luíza. *Revistas em Revista*. São Paulo: EDUSP, 2001.

MARTINS, Roberto Borges. "Minas Gerais, século XIX: tráfico e apego à escravidão numa economia não-exportadora". In *Estudos Econômicos*, XIII, n° 1, 1983. 181-209.

MARX, Karl. *Formações Econômicas Pré-Capitalistas*. Rio de Janeiro: Paz e Terra, 1994.

MARX, Karl. *Miséria da Filosofia*. São Paulo: Mandacaru, 1990.

MARX, Karl. "Para a Crítica da Economia Política". In *Os Pensadores*, vol. XXXV. São Paulo: Abril Cultural, 1974. p. 107-263.

MARX, Karl. "O 18 Brumário de Luís Bonaparte". In *Os Pensadores*, vol. XXXV. São Paulo: Abril Cultural, 1974. p. 329-410.

MARX, Karl. *O Dezoito Brumário e Cartas a Kugelmann*. Rio de Janeiro: Paz e Terra, 1997.

MARX, Karl e ENGELS, Friedrich. *Manifesto do Partido Comunista*. Petrópolis: Vozes, 1978.

MARX, Karl e ENGELS, Friedrich. *A Ideologia Alemã*. Rio de Janeiro: Martins Fontes, 1989.

MARTINS, H.N. "Espaço, Estado e Região: novos elementos teóricos". In *História Regional: uma discussão*. Campinas: UNICAMP, 1987.

MERTON, Robert K. *Sociologia: teoria e estrutura*. São Paulo: Mestre Jou, 1970.

MORIN, Edgar. *Ciência com consciência*. Rio de Janeiro: Bertrand do Brasil, 1996.

NAGEL, Ernest. "Os Condicionais Contrafatuais". In *The Structure of Science, Problems in the Logic of Scientific Explanation*. New York: Harcourt Brace Janovich, 1961.

NIETZSCHE, Friedrich. "Sobre a verdade e a mentira no sentido extramoral". In *Os Pensadores*. XXXII. São. Paulo: Abril Cultural, 1974.

OSGOOD, C.E. "The representational model and relevant methods" em I. de Sola Pool (ed.). *Trends in content analysis*. Urbana: University of Illinois Press, 1959.

OUTHWAITE, William e BOTTOMORE, Tom (orgs.). *Dicionário do Pensamento Social do século XX*. Rio de Janeiro: Jorge Zahar, 1996.

PASQUINO, Gianfranco. "Revolução". In Norberto BOBBIO et alii, *Dicionário de Política*. Brasília: UNB, 2000.

PATLAGEAN, Evelyne. "A história do Imaginário" em LE GOFF, J. (org.). *A História Nova*. São Paulo: Martins Fontes, 1990. p.291-318.

PESEZ, Jean-Marie. "História da Cultura Material". In Jacques LE GOFF (org.). *A História Nova*. São Paulo: Martins Fontes, 1990, p.177-213.

POMIAN, Krzystof. "A História das Estruturas". In LE GOFF, Jacques, CHARTIER, Roger e REVEL, Jacques (orgs.). *A Nova História*. Coimbra: Almedina, 1990. p.183-208.

POPPER, Karl. A *Lógica da Pesquisa Científica*. São Paulo: Cultrix, 1995.

PUGLIESI, Marcio e BINI, Edson *et al. Pequeno Dicionário Filosófico*. São Paulo: Hemus, 1977.

RADCLIFFE-BROWN, A.R. *Estrutura e função na sociedade primitiva*. Petrópolis: Vozes, 1973.

REIS, José Carlos. *Nouvelle Histoire e o tempo histórico – A contribuição de Febvre, Bloch e Braudel*. São Paulo: Ática, 1994.

REVEL, Jacques. *Jogos de Escalas: a experiência da microanálise*. Rio de Janeiro: Fundação Getúlio Vargas, 1998.

RIBEIRO, Monike Garcia. *A paisagem artística no Brasil como uma questão estratégica da memória – O olhar de dois pintores da missão artística francesa: Jean Baptiste Debret e Nicolas Antoine Taunay*. Rio de Janeiro: UNI-RIO, 1999.

ROCHA, Clara. *Revistas Literárias do século XX em Portugal*. Lisboa: Imprensa Nacional, 1985.

ROMANO, Ruggiero (dir.). *Enciclopédia Einaudi*. Lisboa: Imprensa Nacional/Casa da Moeda, 1984. 41 volumes.

SARTRE, Jean-Paul. *A Imaginação*. São Paulo: Nova Cultural, 1987.

SARTRE, Jean-Paul. *L'Imaginaire*. Paris: Gallimard, 1940.

SEVERINO, Antônio Joaquim. *Metodologia do Trabalho Científico*. São Paulo: Cortez, 2000.

THOMPSON, E.P. "Lucha de clases sin clases". In *Tradición, Revuelta y Consciência de Classe*. Barcelona: Editorial Crítica, 1989. p.13-61.

THOMPSON, E.P. *A Formação da Classe Operária Inglesa*. Rio de Janeiro: Paz e Terra, 1987.

TODOROV, Tzvetan. *A conquista da América – A questão do outro*. São Paulo: Martins Fontes, 1993.

TUCÍDIDES. *História da Guerra do Peloponeso*. Brasília: Editora UNB, 1985

URUNG, M.C. *D'Analyse de contenu et acte de parole*. Delarge: Ed. Universitaires, 1974.

VERÓN, Eliseu. *A Produção do Sentido*. São Paulo: Cultrix, 1980.

VILAR, Pierre. *Iniciação ao vocabulário da análise histórica*. Lisboa: Sá da Costa, 1985.

ZIZEK, Slavoj (org.). *Um mapa da ideologia*. Rio de Janeiro: Contraponto, 1996.

# Leia Também

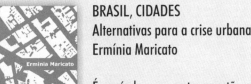

**BRASIL, CIDADES**
Alternativas para a crise urbana
Ermínia Maricato

É possível comprometer a gestão urbana com a prioridade aos territorialmente excluídos? Como implementar a participação social no planejamento da cidade? Este livro lança luzes sobres estas e outras questões, relacionando o pensamento crítico a novas práticas urbanísticas circunscritas na esfera do planejamento, gestão e controle urbanístico.

**A CIDADE DO PENSAMENTO ÚNICO**
Desmanchando consensos
Otília Arantes, Carlos Vainer, Ermínia Maricato

Com o título, os autores sugerem que o regime da economia real e simbólica da cidade é parte constitutiva deste novo senso comum, ao qual certamente não se pode chamar pensamento, e já não é mais ideologia, na acepção clássica do termo, que remonta à Era Liberal-Burguesa do velho capitalismo.

**O CAMPO DA HISTÓRIA**
Especialidades e abordagens
José D'Assunção Barros

Traz um panorama dos campos historiográficos em que se organiza a História hoje, esclarece em linguagem objetiva modalidades como Micro-História, História Cultural, História Política, História Econômica, História Demográfica, História das Mentalidades, História Quantitativa e outras.

**O PROJETO DE PESQUISA EM HISTÓRIA**
Da escolha do tema ao quadro teórico
José D'Assunção Barros

Instrumento essencial para que o historiador tenha em sua mente os caminhos que serão percorridos. Orienta não só na elaboração de um projeto de pesquisa, mas também o desenvolvimento da pesquisa em História. Assim, se pode compreender como se faz História hoje, através de um raciocínio lógico pautado em diversos documentos.

Conecte-se conosco:

**f** facebook.com/editoravozes

⌾ @editoravozes

𝕏 @editora_vozes

▶ youtube.com/editoravozes

🕾 +55 24 2233-9033

www.vozes.com.br

Conheça nossas lojas:

www.livrariavozes.com.br

Belo Horizonte – Brasília – Campinas – Cuiabá – Curitiba
Fortaleza – Juiz de Fora – Petrópolis – Recife – São Paulo

    Vozes de Bolso

**EDITORA VOZES LTDA.**
Rua Frei Luís, 100 – Centro – Cep 25689-900 – Petrópolis, RJ
Tel.: (24) 2233-9000 – E-mail: vendas@vozes.com.br